U0192507

大学计算机系列教材

大学计算机学习指导

——基于计算思维（第2版）

◆ 朱 敏　钱忠民　潘梅园　王立松　谢金国　编著

电子工业出版社

Publishing House of Electronics Industry

北京·BEIJING

内 容 简 介

本书是"计算思维导论"和"计算思维导论实验"课程的配套教材，是帮助学习者学习和理解计算思维概念、训练计算思维能力的学习指导书。

本书共 13 章。第 1 章为引论；第 2 章为初识计算思维；第 3 章为符号化、计算化和自动化；第 4 章为程序和递归；第 5 章为机器程序的自动执行；第 6 章为复杂环境下程序的执行；第 7 章为计算机语言；第 8 章为模块化程序设计；第 9 章为算法类问题求解框架；第 10 章为受限资源约束下的排序算法；第 11 章为难解性问题求解；第 12 章为数据库和大数据；第 13 章为计算机网络、信息网络和互联网。每章内容分为两部分，第一部分详细列出本章的重要知识点和解析，第二部分给出足够的练习题，包括单选题、多选题、判断题、填空题和简答题 5 种题型。

本书适合作为高等学校理工类各专业计算思维课程的教学与学习辅助指导书。

图书在版编目（CIP）数据

大学计算机学习指导：基于计算思维 / 朱敏等编著. —2 版. —北京：电子工业出版社，2023.6

ISBN 978-7-121-45726-5

Ⅰ. ① 大… Ⅱ. ① 朱… Ⅲ. ① 电子计算机－高等学校－教材 Ⅳ. ① TP3

中国国家版本馆 CIP 数据核字（2023）第 099516 号

责任编辑：章海涛 特约编辑：李松明
印　　刷：中煤（北京）印务有限公司
装　　订：中煤（北京）印务有限公司
出版发行：电子工业出版社
　　　　　北京市海淀区万寿路 173 信箱　　邮编：100036
开　　本：787×1 092　1/16　　印张：11.5　　字数：294 千字
版　　次：2018 年 8 月第 1 版
　　　　　2023 年 6 月第 2 版
印　　次：2024 年 7 月第 2 次印刷
定　　价：49.00 元

凡所购买电子工业出版社图书有缺损问题，请向购买书店调换。若书店售缺，请与本社发行部联系，联系及邮购电话：（010）88254888，88258888。

质量投诉请发邮件至 zlts@phei.com.cn，盗版侵权举报请发邮件至 dbqq@phei.com.cn。

本书咨询联系方式：192910558（QQ 群）。

前　言

　　"大学计算思维导论"是面向所有专业学生开设的一门计算机/人工智能类纲领性课程，是面向大学一年级学生开设的通识课程。课程目标是培养学生的科学与工程思维——计算思维（含计算+思维、互联网+思维、大数据思维和人工智能+思维等），促进学生从思维层面深入理解计算与计算机的本质、理解计算系统的构成与特征，促进学生计算思维与各专业思维交叉融合形成复合型思维；也为各学科学生今后深入学习设计、构造和应用各种计算系统求解各学科问题奠定思维基础，培养数据获取、分析和处理能力，帮助学生提高解读真实世界系统并解决复杂的综合问题的能力。

　　在第 1 版的基础上，本书对原有知识点和练习题进行了整理，剔除了一些过时的或叙述不太明晰的内容，并增补了一些新的内容。目的是在理论课程学时极其有限而教学内容又涉及很广的情况下，更好地为学生提供高效的学习指导和知识凝练，并通过有针对性的习题设计，帮助学生巩固和检验课堂学习效果，进而为教师的高效率地教和学生的高质量地学提供助力。

　　本书共 13 章。第 1 章为引论；第 2 章为初识计算思维；第 3 章为符号化、计算化和自动化；第 4 章为程序和递归；第 5 章为机器程序的自动执行；第 6 章为复杂环境下程序的执行；第 7 章为计算机语言；第 8 章为模块化程序设计；第 9 章为算法类问题求解框架；第 10 章为受限资源约束下的排序算法；第 11 章为难解性问题求解；第 12 章为数据库和大数据；第 13 章为计算机网络、信息网络和互联网。

　　本书由朱敏、钱忠民、潘梅园和王立松 4 位老师共同编写。其中，钱忠民老师负责前 6 章内容的编写及统筹全稿，潘梅园老师负责第 7～12 章的编写，朱敏老师整理编写了第 13 章内容，王立松老师为本书的编写提供了很多素材。在前几年的教材使用过程中，南京航空航天大学长期从事大学计算机通识课程教学的一线老师们对本书的内容进行了充分的讨论，刘佳、朱玉莲、张定会、张志航、刘绍翰、周勇等老师为练习题的设计和改造再版提出了很好的修改建议。本书也选用了哈尔滨工业大学战德臣老师主编的《大学计算机——计算思维与信息素养（第 3 版）》教材的一些素材。感谢南京航空航天大学教务处、公共实验教学部以及电子工业出版社对本书的出版所给予的大力支持。在此，对在本书出版工作中做出贡献的所有人员一并表示衷心的感谢。

　　近十年来，面向计算思维能力培养的大学计算机课程在国内高校广泛开设，涵盖了多学科的前沿知识。随着各学科的飞速发展，课程内容和理念也在快速更新。由于时间仓促和作者的水平有限，书中的内容难免有不完善之处，敬请广大读者谅解，并诚挚地欢迎读者提出宝贵建议，不吝指教。

作　者

目　录

第 1 章

引　论

1.1 知识点

一、计算思维

1. "计算机"的思维

计算机是如何工作的？计算机的功能是如何越来越强大的？

2. 利用计算机的思维

现实世界的各种事物如何利用计算机来进行控制和处理？

3. 计算思维

① "知识与知识贯通"的思维。

② 周以真："计算思维是运用计算机科学的基础概念去求解问题、设计系统和理解人类行为，其本质是抽象和自动化"。

③ 思维是创新的源头，技术与知识是创新的支撑。

4. 实验思维、理论思维与计算思维

① 实验思维：观察与归纳，实验 ⇨ 观察 ⇨ 发现、推断和总结。

② 理论思维：推理和演绎，假设/预设 ⇨ 定义/性质/定理 ⇨ 证明。

③ 计算思维：设计与构造，设计、构造与计算。

④ 计算思维关注的是人类思维中有关可行性、可构造性和可评价性的部分，在面临大规模数据的情况下，理论和实验手段不可避免地要用计算手段来辅助进行。

二、计算

1. 什么是计算

① "数据"在"运算符"的操作下，按"规则"进行的数据变换。

② "规则"可以学习和掌握，但应用"规则"进行计算则可能超出了人的计算能力，即人知道规则却没有办法得到计算结果，如何解决呢？

❖ 研究复杂计算的各种简化的等效计算方法（数学），使人可以计算。

❖ 设计一些简单的规则，让机械来重复地执行完成计算，即考虑能否用机械来代替人按照"规则"自动计算。

2. "人"计算与"机器"计算的关系

（1）"人"计算的特点

① 人需要学习和掌握具体的"计算规则"。

② 计算规则可能很复杂，但计算量可能很小。

③ 应用"计算规则"进行计算则可能超出了人的计算能力。

④ 人知道计算规则却可能没有办法得到计算结果。

⑤ 一条特定的规则只能求解一个特定问题。

（2）"机器"计算的特点

① 每条"计算规则"可能很简单，但计算量很大。

② 机器可以采用人所使用的"计算规则"。

③ 一般性的规则可以求解一类问题。

（3）"人"计算与"机器"计算的区别

① "人"计算宁愿使用复杂的计算规则，以便减少计算量而获取结果；"机器"计算则需使用简单的计算规则，以便能够做出执行规则的机器。

② "机器"计算使用的计算规则可能很简单但计算量很大，尽管这样，面对越来越多的计算，机器也能够完成计算并获得结果。

③ "机器"可采用"人"所使用的计算规则，也可不采用"人"所使用的计算规则。

3．计算与自动计算需要解决的问题

① "数据"的表示。

② "计算规则"的表示。

③ "存储"及自动存储。

④ "计算规则的执行"及自动执行。

三、计算机科学与计算科学

计算问题的提出促进了计算机科学和计算科学的诞生和发展，促进了人们的思考。例如，下面所述的各方面。

① 什么能够被有效地自动计算？

② 哪些问题是可以在有限的时间和空间内自动计算的？

③ 以现实世界的各种思维模式为启发，如何寻求求解复杂问题的有效规则？

④ 如何低成本、高效率地实现自动计算？

⑤ 如何构建一个高效的计算系统涉及计算机器的构建问题和软件系统的构建问题？

⑥ 如何方便、有效地利用计算系统进行计算？

⑦ 利用已有计算系统，面向各行各业的计算问题如何求解？

因此，什么能计算且如何被高效和有效地自动计算，就是计算学科的科学家不断在研究和解决的问题。

1．计算机科学

计算机科学是研究计算机和可计算系统理论方面的学科，主要内容包括：

① 硬件、软件等计算系统的设计和建造。

② 发现并提出新的问题求解策略和算法。

③ 在硬件、软件、互联网方面发现并设计使用计算机的新方式和新方法。

④ 对计算机科学的简单理解。

⑤ 围绕"构造各种计算机器"和"应用各种计算机器"进行研究。

2．计算科学

计算手段与其他各学科结合，形成了计算科学。

计算科学是以设计和构造为特征的手段，科学家通过建立仿真的分析模型和有效的算法，利用计算工具来进行规律的预测和发现。

计算科学是一个利用数学模型、定量分析方法和计算机来分析和解决科学问题相关的研究领域。在实际应用中，计算科学主要应用于对各学科中的问题进行计算机模拟和其他形式的计算。

3．计算 X 学

计算 X 学是计算手段与某学科结合的产物，是利用数学模型、定量分析方法和计算机来分析和解决某学科问题相关的研究领域。

四、自动计算的探索历程

来自计算工具发展的启示

图 1-1 列举了计算工具从手工计算的算盘发展到能够自动计算的现代计算机的过程。

五、无所不在的计算机应用

1．科学计算

数值计算，用于完成科学研究和工程技术中提出的数学问题的计算。

2．数据/信息处理

非数值计算，是指对大量的数据进行搜集、归纳、分类、整理、存储、检索、统计、分析、列表、绘图等。

3．过程控制

过程控制，是指利用计算机对生产过程、制造过程或运行过程进行监测和控制，即通过实时监测目标物体的当前状态，及时调整被控对象，使被控对象能够正确地完成目标物体的生产、制造或运行。

计算辅助工具：用于简单计算，可进行数的"表示"与"存储"，人工执行计算规则 | Pascal 机械计算机：用于简单计算，可进行数的"表示"与"存储"，机器执行计算规则 | Babbage 机械计算机：用于特定形式的复杂计算，可存储"指令"与"程序"，程序自动执行复杂可变的计算规则 | 现代计算机：用于任意形式的复杂计算，是能够理解并自动执行程序的机器

图 1-1　计算工具的发展

4．多媒体应用

多媒体一般包括文本（Text）、图形（Graphics）、图像（Image）、音频（Audio）、视频（Video）、动画（Animation）等信息媒介。

多媒体技术是指人与计算机交互地进行上述多种媒介信息的捕捉、传输、转换、编辑、存储、管理，并由计算机综合处理为表格、文字、图形、动画、音频、影像等视听信息并有机结合的表现形式。

多媒体技术拓宽了计算机的应用领域，使计算机广泛应用于商业、服务业、教育、广告宣传、文化娱乐、家庭等方面。同时，多媒体技术与人工智能技术的有机结合还促进了更为吸引人的虚拟现实（Virtual Reality）、虚拟制造（Virtual Manufacturing）技术的发展，使人们可以在计算机产生的环境中感受真实的场景，在还没有真实制造零件及产品的时候，通过计算机仿真和模拟产生最终产品，使人们感受产品各方面的功能和性能。

5．人工智能

人工智能（Artificial Intelligence，AI）是用计算机模拟人类的某些智能活动与行为，如感知、思维、推理、学习、理解、问题求解等，是处于计算机应用研究前沿的学科。

6．网络通信

计算机技术和数字通信技术发展并相互融合产生了计算机网络。通过计算机网络，多个独立的计算机系统联系在一起，不同地域、不同国家、不同行业、不同组织的人们联系在一起，实时传递信息。

7．CA-X 应用

随着计算机技术的发展，计算机已广泛应用于各行各业，辅助人们进行各种各样的工作，形成了一系列综合应用，被统称为 CA-X 技术。典型的计算机辅助技术包括：

① 计算机辅助设计（Computer Aided Design，CAD）。

② 计算机辅助制造（Computer Aided Manufacturing，CAM）。

③ 计算机辅助工程（Computer Aided Engineering，CAE）。

④ 计算机辅助质量保证（Computer Aided Quality，CAQ）。

⑤ 计算机辅助生产管理（Computer Aided Production Management，CAPM）。

⑥ 计算机辅助教育（Computer Based Education，CBE）。

等等。

8．嵌入式系统

嵌入式系统（Embedded System），是一种"完全嵌入受控器件内部，为特定应用而设计的专用计算机系统"。根据英国电气工程师协会（U.K. Institution of Electrical Engineer）的定义，嵌入式系统为控制、监视或辅助设备、机器或用于工厂运作的设备。与个人计算机这样的通用计算机系统不同，嵌入式系统通常执行的是带有特定要求的预先定义的任务。由于嵌入式系统只针对一项特殊的任务，设计人员能够对它进行优化，减小尺寸降低成本。嵌入式系统通常需要进行大量生产，所以单个的成本节约，能够随着产量进行成百上千地放大。

六、计算机发展趋势

1．高性能计算——无所不能的计算

发展高速度、大容量、功能强大的超级计算机对于进行科学研究、保卫国家安全、提高经济竞争力具有非常重要的意义。

2．普适计算——无所不在的计算

普适计算（Pervasive Computing）是由 IBM 公司在 1999 年提出的，意指在任何时间、任何地点都可以计算，也称为无处不在的计算（Ubiquitous Computing），即计算机无时不在、无处不在，以至就像没有计算机一样。

3．服务计算与云计算——万事皆服务的计算

服务属于商业范畴，计算属于技术范畴，服务计算是商业与技术的融合，通俗地讲，就是把计算当作一种服务提供给用户。

将计算资源（如计算节点、存储节点等）以服务的方式（可扩展可组合的方式）提供给客户，客户可按需定制、按需使用计算资源，类似的这种计算能力被称为云计算。

4．智能计算

使计算机具有类似人的智能，一直是计算机科学家不断追求的目标。所谓类似人的智能，是使计算机能像人一样思考和判断，让计算机去做过去只有人才能做的智能工作。

5．生物计算

生物计算是指利用计算机技术研究生命体的特性和利用生命体的特性研究计算机的结构、算法和芯片等技术的统称。

6．智慧地球

智慧地球（Smart Planet，由 IBM 提出）的主要含义是把新一代信息技术充分运用在各行各业之中，即把感应器嵌入和装备到电网、铁路、桥梁、隧道、公路、建筑、供水系统、大

坝、油气管道等物体，并且被普遍连接，形成所谓"物联网"；通过超级计算机和云计算，将物联网整合起来，实现人类社会与物理系统的整合；在此基础上，人类可以以更加精细和动态的方式管理生产和生活，提供更多种的服务，从而达到智慧状态。

7．计算系统的发展趋势

目前的计算系统正朝着微型化、大型化、网络化、智能化、多媒体化方向迈进，基于计算手段的应用和创新也层出不穷。

七、关于新工科

国家从战略层面适时提出了"新工科"建设。新工科的一个重要范畴是各学科融合计算机相关技术，或者是计算机学科融合更多其他学科技术。这里的计算机是指"计算+""互联网+""大数据+""智能+"等广义的计算含义。

国家新工科战略的目的是推动各行各业基于"互联网+"或人工智能技术的创新，引导各行各业及各学科进行高端研究，从单一的产品本身的技术发展为计算化、网络化、智能化的产品，推动科技进步，进而引领社会发展。

1.2 练习题

一、单选题

1．人类应具备的三大思维能力是指（   ）。

A．抽象思维、逻辑思维和形象思维

B．实验思维、理论思维和计算思维

C．逆向思维、演绎思维和发散思维

D．计算思维、理论思维和辩证思维

2．本课程需要学习的计算思维是指（   ）。

A．计算机相关的知识

B．算法与程序设计技巧

C．蕴含在计算学科知识背后的具有贯通性和联想性的内容

D．知识与技巧的结合

3．计算思维最根本的内容，即其本质是（   ）和自动化。

A．计算机技术   B．递归

C．并行处理   D．抽象

4．下列有关计算的说法中，正确的是（   ）。

A．计算就是数值运算

B. "数据"在"运算符"的操作下，按"规则"进行的数据变换

C. 计算包括数值运算和字符运算

D. 计算就是通常所说的算术运算

5. 有关"人"计算的特点，下列说法中错误的是（　　）。

A. 按人脑的想象去计算

B. 人需要知道具体的计算规则

C. 计算规则可能很复杂，但计算量可能很小

D. 一条特定的规则只能求解一个特定问题

6. 自动计算需要解决的基本问题是（　　）。

A. 数据的表示

B. 数据和计算规则的表示、自动存储和计算规则的自动执行

C. 数据和计算规则的表示与自动存储

D. 数据和计算规则的表示

7. 计算机器的基本目标是（　　）。

A. 能够执行一般的任意复杂的计算规则

B. 能够执行简单的四则运算规则

C. 能够执行特定的计算规则，如差分计算规则等

D. 能够辅助人进行计算

8. 下列有关计算机科学的说法中，正确的是（　　）。

A. 研究计算机系统学科

B. 研究计算机和可计算系统理论方面的学科

C. 研究计算和计算复杂理论方面的学科

D. 研究可计算系统的理论方面的学科

9. 计算学科的计算研究是（　　）。

A. 面向人可执行的一些复杂函数的等效、简便计算方法

B. 面向机器可自动执行的一些复杂函数的等效、简便计算方法

C. 面向人可执行的求解一般问题的计算规则

D. 面向机器可自动执行的求解一般问题的计算规则

10. 计算 X 学是指（　　）。

A. 某学科的计算问题

B. 计算手段与某学科结合而产生的，利用数学模型、定量分析方法和计算机来分析、解决某学科问题相关的研究领域

C. 研究某学科是否可计算而产生的

D. 以上都正确

11. 现代集成电路使用的半导体材料通常是（　　　）。

A．铜
B．铝
C．硅
D．碳

12. 如一个集成电路芯片包含 20 万个电子元件，则它属于（　　　）集成电路。

A．小规模
B．中规模
C．大规模
D．超大规模

13. 目前，计算机采用的主要元器件是（　　　）。

A．电子管
B．晶体管
C．中小规模集成电路
D．超大规模集成电路

14. 计算机表示信息的最小单位是（　　　）。

A．bit
B．byte
C．KB
D．MB

15. 某显示器的分辨率是 1024×768，它的含义是（　　　）。

A．纵向点数×横向点数
B．横向点数×纵向点数
C．纵向字符数×横向字符数
D．横向字符数×纵向字符数

16. 关于计算机系统的网络化的说法中，正确的是（　　　）。

A．物联网能够使物与物、物与人通过互联网连接在一起，因此未来互联网将被物联网所取代

B．社会网络能够使人与人通过互联网连接在一起，因此未来互联网将被社会网络（或社交网）所取代

C．未来互联网将发展为包括物联网、社会网络、服务网络以及与现实中各种网络深度融合的网络系统

D．未来互联网将发展为全三维的虚拟世界网络

二、多选题

1. 为什么要学习计算思维？因为（　　　）。

A．计算学科的知识膨胀速度非常快，知识学习的速度跟不上知识膨胀的速度，因此要先从知识的学习转向思维的学习，在思维的指引下再去学习知识

B．如果理解了计算思维，就具有了融会贯通、联想启发的能力，这样再看计算学科的知识便感觉它们似乎具有相同的道理或原理，只是术语不同而已

C．学习计算思维并不仅是学习计算机及相关软件的原理，因为社会/自然的很多问题的解决思路与计算学科的方法和原理是一致的，计算思维的学习也可以提高解决社会/自然问题的能力

D．很多理由说明，大思维比小技巧更重要，思维的学习比知识的学习更重要

2．学习计算思维具体学什么？下列叙述中正确的是（　　　）。

A．"计算机"的思维　　　　　　　　B．利用计算机的思维

C．只学习程序设计思维　　　　　　D．"知识与知识的贯通"思维

3．关于如何学习计算思维，下列说法中正确的是（　　　）。

A．为思维而学习知识而不是为知识而学习知识

B．不断训练，只有这样才能将思维转换为能力

C．先从贯通知识的角度学习思维，再学习更为细节性的知识，用思维引导知识的学习

D．计算思维的学习只是知识的学习

4．有关"人"计算和"计算规则"，下列说法中正确的是（　　　）。

A．人知道了计算规则就有办法得到计算结果

B．应用"计算规则"进行计算则可能超出了人的计算能力

C．人知道计算规则却可能没有办法得到计算结果

D．人可以学习和掌握"计算规则"

5．有关"机器"计算的特点，下列说法中错误的是（　　　）。

A．每条规则可能很简单，所以计算量不大

B．机器可以采用人所使用的计算规则

C．机器不可以采用人所使用的计算规则

D．一般性的规则可以求解一类问题

6．关于"人"计算和"机器"计算，下列说法中错误的是（　　　）。

A．"人"计算宁愿使用复杂的计算规则，以便减少计算量来获取结果；"机器"计算则需
使用简单的计算规则，以便能够做出执行规则的机器

B．"机器"计算一般计算规则复杂，所以计算速度慢

C．"机器"可采用"人"所使用的计算规则，也可不采用"人"所使用的计算规则

D．"人"计算的计算规则一般简单，所以计算速度快

7．关于电子计算机器的基本特征，下列说法中正确的是（　　　）。

A．基于二进制，存储0和1的元件，如电子管、晶体管等；基于二进制的运算和变换

B．电子技术实现计算规则

C．集成技术实现更为复杂的变换

D．数据和对数据的变换（计算规则）体现为电子元件上的物理信号及变换

8．关于计算机系统的发展方向，下列说法中正确的是（　　　）。

A．各部件乃至整体的体积越来越小

B．CPU的需求越来越少

C．越来越使人、机、物互连在一起

D．越来越拥有人的智能

9. 关于 IBM 提出的智慧地球（Smart Planet）的基本特点，下列说法中正确的是（　　　）。

A．使社会万事万物可感知，即能将万事万物的信息数字化

B．使社会各种事物、每个人员都可与互联网相联，实现互连互通

C．使社会/自然系统具有更好的自适应性、自调节性，最优地满足人们工作、生活的需要

D．把新一代信息技术充分运用在各行各业之中

三、判断题（正确的画✓，错误的画×）

1．思维是创新的源头，技术与知识是创新的支撑。（　　　）

2．很多理由说明，大思维比小技巧更重要，知识的学习比思维的学习更重要。（　　　）

3．计算是指"数据"在"运算符"作用下的数值计算。（　　　）

4．人只要掌握了计算规则，就一定能够完成计算。（　　　）

5．"人"计算的计算规则往往比较复杂，"机器"计算的计算规则比较简单，"机器"不可以采用"人"计算的计算规则。（　　　）

6．所有的计算问题都可以计算并能自动计算。（　　　）

7．计算机可以用统一的形式存储各种类型的数据。（　　　）

8．计算机的微处理器都是由美国 Intel 公司生产的。（　　　）

9．计算机的存储器都是永久性存储器，不需要供电维持。（　　　）

四、填空题

1．人类应具备的三大思维能力是实验思维、理论思维和_____。

2．周以真指出：计算思维是运用计算机科学的基础概念去求解问题、设计系统和理解人类行为，其本质是_____。

3．计算是指"数据"在"运算符"的操作下，按"规则"进行的_____。

4．"人"计算的特点为：人需要掌握_____，但应用其进行计算可能超出了人的计算能力。

5．"机器"计算的特点为：_____可能很简单但计算量很大。

6．自动计算要解决的问题是：_____和计算规则的表示、存储和自动存储及计算规则的执行和自动执行。

7．"数据"的表示：数据在计算机中都是以_____形式表示的。

8．"数据"存储的实质：使用物理材料的_____来存储数据的。

9．"计算机科学"是研究_____和可计算系统理论方面的学科，简单理解，是围绕"构造各种计算机器"和"应用各种计算机器"进行研究。

10．"计算科学"是_____与其他各学科相结合而形成的。

11. "实验思维" 体现的是_____。

12. "理论思维" 体现的是_____。

13. "计算思维" 体现的是_____。

五、简答题

1. 什么是计算思维？

2. 什么是计算？"人"计算与"机器"计算的区别是什么？

3. 计算与自动计算要解决的四个问题是什么？

第 2 章

初识计算思维

2.1　知识点

一、二分法思维

二分法是人类普遍应用的思维，就是在解决问题过程中把所有情况划分成"可能"和"不可能"两种情况，排除所有"不可能"的情况，然后在"可能"的情况中进行下一次划分和排除，通过多次不断地划分和排除，得到最终结果。

例如，用一个天平如何最快找出 8 个大小相同的球中某 1 个重量稍大的球，就可以采用二分法实现。

二、二进制思维

二进制思维是指，在解决问题过程中，把事物的各种不同状态分别用二进制编码表示出来，各种状态之间的转换规则也用二进制编码表示，使得事物的状态和处理过程非常巧妙地统一起来，使得看起来不容易解决的问题得以求解。

例如，小白鼠检测毒水瓶问题的解决不仅用到了二分法思维，更是二进制思维。用同一串 0 和 1 的编码，既可以表示水瓶的编号，又可以表示其中某二进制位对应的小白鼠喝或不喝的处理步骤，还可以表示某二进制位对应的小白鼠的死或者活的状态。

三、二进制与数制转换

1．计算机采用二进制的原因

① 元器件容易实现（节省）。

② 计算规则简单。

③ 与逻辑能够统一。

2．二进制运算规则

① 加法运算规则：
$$\begin{array}{cccc} 0 & 1 & 0 & 1 \\ +\ 0 & +\ 0 & +\ 1 & +\ 1 \\ \hline 0 & 1 & 1 & 0 \end{array}$$。

② 减法运算规则：
$$\begin{array}{cccc} 0 & 1 & 0 & 1 \\ -\ 0 & -\ 0 & -\ 1 & -\ 1 \\ \hline 0 & 1 & 1 & 0 \end{array}$$。

3．r 进制数的特点

① 有 r 个数码，即 $0,1,2,\cdots,n-1$。

② 基数是 r。

③ 逢 r 进 1，借 1 当 r。

④ 每位的权值都是 r 的若干次幂。

4．r 进制数的表示

① 下标法。例如，$(365.2)_{10}$，$(11011.01)_2$，$(3460.32)_8$，$(596.12)_{16}$。

② 后缀法。例如，365.2D，11011.01B，3460.32Q，596.12H。

5．数制转换

r 进制数 → 十进制数，方法：按权值展开求和。

例如：

$$101.11\,\text{B} = 1 \times 2^2 + 0 \times 2^1 + 1 \times 2^0 + 1 \times 2^{-1} + 1 \times 2^{-2} = 5.75\,\text{D}$$

$$365.2\,\text{Q} = 3 \times 8^2 + 6 \times 8^1 + 5 \times 8^0 + 2 \times 8^{-1} = 245.25\,\text{D}$$

$$\text{F}5.4\,\text{H} = 15 \times 16^1 + 5 \times 16^0 + 4 \times 16^{-1} = 245.25\,\text{D}$$

6．数制转换

十进制数 → r 进制数，方法：整数部分和小数部分单独转换，再合并得到 r 进制数。

整数部分：采用除以 r 逆序取余法。小数部分：采用乘以 r 顺序取整法。

例如，将十进制数 29.6875 转换成二进制数，整数和小数要分开转换，整数部分除以 2 逆序取余，小数部分乘以 2 顺序取整。

整数部分和小数部分合并得到：

$$29.6875\,\text{D} = 11101.1011\,\text{B}$$

7．八进制数和十六进制数

引入八进制数和十六进制数的原因：

① 二进制不便于书写和记忆。

② 缩短二进制数的书写长度。

③ 十六进制是计算机数值显示的常用进制。

8．二进制数与八进制数的相互转换

因为 $8 = 2^3$，即 3 位二进制数相当于 1 位八进制数，所以 3 位二进制数和 1 位八进制数可以直接对应转换。

二进制数 → 八进制数，具体方法为：从小数点开始，整数部分向左，小数部分向右每 3 位一组，最后一组不足 3 位的用 0 补齐，每组转换成 1 位八进制数。

例如：

$$2467.32 \text{ Q} = 010\ 100\ 110\ 111\ .\ 011\ 010\ \text{B}$$
$$1\ 101\ 001\ 110.110\ 01\ \text{B} = 001\ 101\ 001\ 110.110\ 010\ \text{B} = 1516.62\ \text{Q}$$

9．二进制数与十六进制数的相互转换

因为 $16=2^4$，即 4 位二进制数相当于 1 位十六进制数，所以 4 位二进制数和 1 位十六进制数可以直接对应转换。

二进制数 → 十六进制数，具体方法为：从小数点开始，整数部分向左，小数部分向右每 4 位一组，最后一组不足 4 位的用 0 补齐，每组转换成 1 位十六进制数。

例如：

$$35A2.CF \text{ H} = 0011\ 0101\ 1010\ 0010.1100\ 1111\ \text{B}$$
$$11\ 0100\ 1110.1100\ 11\ \text{B} = 0011\ 0100\ 1110.1100\ 1100\ \text{B} = 34E.CC\ \text{H}$$

10．信息的基本度量单位

bit：1 位二进制位，0 或 1。

byte（B）：字节，8 位二进制位。

$1 \text{ KB} = 2^{10} \text{ B} = 1024 \text{ B}$。

$1 \text{ MB} = 2^{10} \text{ KB} = 2^{20} \text{ B}$。

$1 \text{ GB} = 2^{10} \text{ MB} = 2^{20} \text{ KB} = 2^{30} \text{ B}$。

$1 \text{ TB} = 2^{10} \text{ GB} = 2^{20} \text{ MB} = 2^{30} \text{ KB} = 2^{40} \text{ B}$。

$1 \text{ PB} = 2^{10} \text{ TB}$。

$1 \text{ EB} = 2^{10} \text{ PB}$。

注意：在反映存储容量时用 $2^{10} = 1024$ 作为换算单位，其他情况用 10^3 作为换算单位（长度、重量、速度等）。

2.2　练习题

一、单选题

1．将十进制数 126.875 转换成二进制数，应该是（　　）。

A．0111 1110.0110　　　　　　　　　　B．0111 1110.1110

C．0111 1100.0110　　　　　　　　　　D．0111 1100.1110

2．将十六进制数 586 转换成 16 位的二进制数，应该是（　　）。

A．0000 0101 1000 0110　　　　　　　B．0110 1000 0101 0000

C．0101 1000 0110 0000　　　　　　　D．0000 0110 1000 0101

3．下列数中最大的是（　　）。

A．$(453)_8$ B．$(12B)_{16}$

C．$(20B)_{12}$ D．$(300)_{10}$

4．下列有关"权值"的表述中，正确的是（   ）。

A．权值是指某数字符号在数的不同位置所表示的值的大小

B．二进制的权值是"2"，十进制的权值是"10"

C．权值就是一个数的数值

D．只有正数才有权值

5．下列有关"基数"的表述中，正确的是（   ）。

A．基数是指某数字符号在数的不同位置所表示的值的大小

B．二进制的基数是"2"，十进制的基数是"10"

C．基数就是一个数的数值

D．只有正数才有基数

6．十进制数 13 用三进制表示为（   ）。

A．101   B．110

C．111   D．112

7．下列各数都是五进制数，其中（   ）对应的十进制数是偶数。

A．111   B．101

C．131   D．100

8．一个某进制的数"1A1"，其对应十进制数的值为 300，则该数为（   ）数。

A．十一进制   B．十二进制

C．十三进制   D．十四进制

9．根据两个 1 位二进制数的加法运算规则，其和为 1 的正确表述为（   ）。

A．这两个二进制数都为 1   B．这两个二进制数都为 0

C．这两个二进制数不相等   D．这两个二进制数相等

10．根据两个 1 位二进制数的加法运算规则，其进位为 1 的正确表述为（   ）。

A．这两个二进制数都为 1   B．这两个二进制数中只有一个 1

C．这两个二进制数中没有 1   D．这两个二进制数不相等

11．用八进制数表示 1 字节的二进制整数，最多需要（   ）。

A．1 位   B．2 位

C．3 位   D．4 位

12．用十六进制数表示 1 字节的二进制整数，最多需要（   ）。

A．1 位   B．2 位

C．3 位   D．4 位

13．用八进制表示 32 位二进制地址，最多需要（   ）。

A．9位   B．10位

C．11位   D．12位

14．用十六进制表示32位二进制地址，最多需要（   ）。

A．5位   B．6位

C．7位   D．8位

15．下列数中最大的是（   ）。

A．00101000B   B．052Q

C．44D   D．2AH

16．下列数中最小的是（   ）。

A．$(213)_4$ B．$(132)_5$

C．$(123)_6$ D．$(101)_7$

17．下列关于内存容量"1KB"的准确含义是（   ）。

A．1000个二进制位   B．1000字节

C．1024个二进制位   D．1024字节

18．下列关于传输速率"1kb/s"的准确含义是（   ）。

A．1000 b/s   B．1000字节每秒

C．1024 b/s   D．1024字节每秒

二、多选题

1．下列叙述中，正确的是（   ）。

A．社会/自然规律的一种研究方法是符号化，即利用符号的组合及其变化来反映社会/自然现象及其变化，将看起来不能够计算的事物转换为可以计算的事物

B．小白鼠检测毒水瓶问题的求解运用了"过程化"和"符号变换"的思维

C．符号的计算不仅是数学计算、符号的组合及其变换同样是一种计算，这种计算可以基于0和1来实现

D．二进制、二分法、符号变换、过程化等都是计算思维

2．下列关于十进制数245的说法中，正确的是（   ）。

A．它转换为八进制数表示为356

B．它转换为十六进制数表示为0F5

C．它转换为二进制数表示为11110101

D．它转换为五进制数表示为1440

3．关于计算机为什么基于二进制数来实现，下列说法中正确的是（   ）。

A．能表示两种状态的元器件容易实现

B．二进制运算规则简单

C. 二进制可以用逻辑运算实现算术运算

D. 和人类日常计数习惯完全一致

三、判断题（正确的画√，错误的画×）

1. 用一个天平找出 16 个外表相同的小球中唯一一个重量稍轻的小球，采用二分法，需要称量 4 次。（   ）

2. 若采用偶校验法传输字节信息 10100110，则应该补的一个校验位为 0。（   ）

3. 5 位二进制数 01010 和 00111 算术相加运算的结果为 10101。（   ）

4. 5 位二进制数 01010 和 00111 算术相减运算的结果为 00101。（   ）

5. 十六进制数 2AB 转换成等值的八进制数为 1253。（   ）

6. 虽然计算机内部数据是按照二进制保存的，但所有数据处理和运算都是转换为十进制实现的，如数据的输入和输出，这也是符合人们日常习惯的。（   ）

7. 二进制整数转换为八进制整数的方法是：从左往右进行划分，每 3 位一组，分别转成 8 进制，若最后一组不足 3 位，则在后面补充 0，再转成八进制。（   ）

8. 五进制有 1、2、3、4、5 这 5 个数码。（   ）

9. 十进制数的小数部分转成二进制数，采用"除以 2 并且逆序取余数"的方法。（   ）

10. 二进制小数转换为十六进制小数的方法是：从左往右进行划分，每 4 位一组，若最后一组不足 4 位，则在尾部补充 0 凑足 4 位，每组分别转成 1 位十六进制数，组合起来就是最终结果。（   ）

11. 采用奇校验法传输字节信息（增加 1 个校验位），若收到的编码为 101001100，则表示当前收到的数据有错误。（   ）

四、填空题

1. 与十进制整数 265 等值的二进制数是_____。

2. 与十进制数 19.8125 等值的二进制数是_____。

3. 最大的 1 位十六进制数是_____，最大的 1 位八进制数是_____。

4. 二进制数 10111010 的 8 位之间进行逻辑与运算的结果是_____。

5. 二进制数 10111010 的 8 位之间进行逻辑或运算的结果是_____。

6. 二进制数 10111010 的 8 位之间进行逻辑异或运算的结果是_____。

7. 1 字节数据是_____个二进制位。

8. 若某计算机的内存容量是 2048 MB，则也可以说该内存容量是_____GB。

9. 两个 6 位二进制正整数 010010 和 001011 算术相减的差为_____。

10. 两个 6 位二进制正整数 010010 和 001011 算术相加的和为_____。

五、简答题

1. 小白鼠检测毒水瓶问题。如果有 100 瓶水，其中只有 1 瓶有毒，小白鼠只要尝一滴毒水就会在 24 小时内死亡，那么至少需要多少只小白鼠才能在 24 小时内确定哪一瓶有毒？按照这种方法，如果有 8 只小白鼠，24 小时内最多可以检测出多少瓶水中的一瓶有毒？

2. "小白鼠检测毒水瓶"问题背后的思维是怎样的？

3. 为什么计算机采用二进制？

第 3 章

符号化、计算化和自动化

3.1 知识点

一、语义符号化的典型案例

1．语义符号化计算

① 现实世界的语义 → 符号表达 → 基于符号的计算。

② 符号 → 赋予不同语义 → 计算不同的现实世界问题。

2．易经的语义符号化表达

易经作为中国最古老的哲学思想，把现象抽象为符号并赋予语义——阴和阳。阴阳符号（0、1）的位置和组合关系形成了所谓的一卦，代表了一种语义。三画阴阳的组合有 $2^3=8$ 种，即为 8 卦，可以分别对应 3 位二进制数的组合 000、001、010、011、100、101、110、111。

二、思维方式和逻辑运算

1．逻辑的概念

逻辑是指事物因果之间所遵循的规律。逻辑的基本表现形式是命题和推理（可符号化）。

2．命题和推理

① 命题：结论为"真"或为"假"的一个判断语句。

② 推理：由简单命题的判断推导得出复杂命题判断结论的过程。

3．逻辑运算真值表（1 表示真，0 表示假）

逻辑运算最基本的运算有"与"运算、"或"运算和"非"运算三种，以及由它们的组合运算得到的很常用的"异或"运算，如表 3-1 所示。

表 3-1　逻辑运算真值表

X	Y	X AND Y（与）	X OR Y（或）	NOT X（非）	X XOR Y（异或）
0	0	0	0	1	0
0	1	0	1	1	1
1	0	0	1	0	1
1	1	1	1	0	0

三、数值数据的表达和运算

1．真值和机器数

真值：就是真实数值，如 123 D、-1100 B、234 Q、-2AB H 等都是一个具体的数值。

机器数：机器表示的数，在机器内部保存和处理的一串二进制编码，用于表示真值。

2．机器数的特点

① 位数固定，如 8 位、16 位等。

② 符号代码化，正数最高位为 0，负数最高位为 1。

③ 有最大值和最小值，能表示的真值在某范围内。

3．机器数的原码、反码和补码表示

整数在机器中都以补码机器数存储和处理，原码和反码也可以作为一种表示形式。

① 正数的原码、反码和补码相同。

② 负数的原码："符号位+绝对值"形式。

③ 负数的反码：其原码的数值位按位取反得到。

④ 负数的补码：其反码末位加 1 得到。

4．原码可表示的整数范围

① 8 位原码： $-(2^7-1) \sim 2^7-1$ （$-127 \sim 127$）。

② 16 位原码： $-(2^{15}-1) \sim 2^{15}-1$ （$-32767 \sim 32767$）。

③ n 位原码： $-(2^{n-1}-1) \sim 2^{n-1}-1$ 。

5．补码可表示的整数范围

① 8 位补码： $-2^7 \sim 2^7-1$ （$-128 \sim 127$）。

② 16 位补码： $-2^{15} \sim 2^{15}-1$ （$-32768 \sim 32767$）。

③ n 位补码： $-2^{n-1} \sim 2^{n-1}-1$ 。

6．补码的加法、减法运算：符号可参与运算

补码机器数的加法、减法运算规则为：

$$[x+y]_补=[x]_补+[y]_补 \qquad [x-y]_补=[x]_补+[-y]_补$$

7．浮点数（相当于**科学计数法**）

定点数机器数要么表示整数要么表示纯小数，浮点机器数既可以表示整数部分又可以表示小数部分，双精度浮点数（64 位）比单精度浮点数（32 位）表示的数据范围更大、精确度更高。单精度、双精度浮点数格式如图 3-1 所示。

S	指数（8 位）	尾数（后 23 位）

浮点数，32 位表示单精度数。相当于科学计数法 $1.x \times 2^y$
S 为符号位（1 位），x 为尾数，y 为指数

S	指数（8 位）	尾数（后 52 位）

浮点数，64 位表示双精度数
相当于科学计数法 $1.x \times 2^y$，S 为符号位（1 位），x 为尾数，y 为指数

图 3-1　单精度、双精度浮点数格式

四、非数值数据的编码表达

1．西文字符的 ASCII 值表示

用 7 位二进制数字可以表示 128 个西文字符，占 1 字节（最高位为 0）；大写字母 A～Z 的编码为 41H～5AH 的连续编码，大写字母 a～z 的编码为 61H～7AH 的连续编码，数字 0～9 编码为 30H～39H 的连续编码。大、小写字符之间的编码值差 20H。

2．汉字输入码

用于汉字输入时的编码称为外码，包括拼音码、字型码、区位码等。

3．汉字机内码

汉字机内码是汉字在计算机内部存储和处理时所采用的唯一编码。我国颁布的 GB2312—1980 机内码对每个汉字采用双字节表示（最高位为 1），后来发布的 GB18030 汉字编码标准有单字节编码（兼容 ASCII）、双字节编码（兼容以前各版本的汉字编码）和四字节编码（用于表示 Unicode 中的其他字符），目前已在我国信息处理产品中强制贯彻执行。该编码标准与 Unicode 编码方案不兼容。

微型计算机和智能手机都能支持多国文字的输入、输出、显示、处理、存储和传输，由于有多种字符集及其编码标准，使用哪种标准，软件需予以说明。尤其要注意的是，不同操作系统、不同编程语言和不同 App 默认采用的字符集及其编码标准并不一致，相互通信和处理时，往往需要进行字符编码转换，若出错，则屏幕显示或打印输出时会出现乱码。

4．汉字字形码

汉字字形码用于汉字的输出，用 0 和 1 分别表示无亮点和有亮点像素，形成字形笔画的一种点阵编码。同一汉字的不同字体有不同的编码。汉字点阵码所需数据量的计算类似黑白图像的容量计算，即点阵数相乘。

除了字模点阵码，还有汉字的矢量编码，用于描述汉字笔画的走势和轮廓，通过数学运算确定笔画位置，从而实现无失真缩放。

5．位图图像的编码

位图图像的编码是指将图像划分成均匀的由单元点构成的网格，每个单元点称为像素。每个像素可由 1 位或多位二进制表示，1 位只能表示黑白图像，8 位能表示灰度图像，24 位则能表示彩色图像。单位尺寸内的像素数目被称为图像的分辨率，由水平像素数目×垂直像素数目来表示。

① 黑白图像的每个像素只有一个分量，且只用 1 个二进位表示，其取值仅"0"（黑）和"1"（白）两种，如图 3-2 所示。

② 灰度图像的每个像素也只有一个分量，一般用 8～12 个二进位表示，其取值范围是 0～ 2^n-1 ，可表示 2^n 个不同的亮度，如图 3-3 所示。

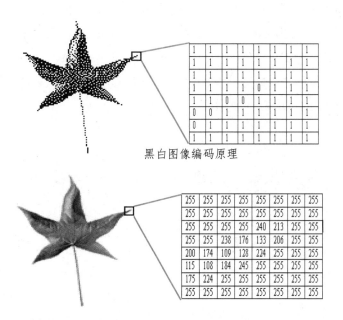

黑白图像编码原理

图 3-3　灰度图像编码原理

③ 彩色 RGB 图像的每个像素有 3 个分量，分别表示三个基色的亮度，假设 3 个分量分别用 n、m、k 个二进位表示，则可表示 2^{n+m+k} 种不同的颜色，如图 3-4 所示。

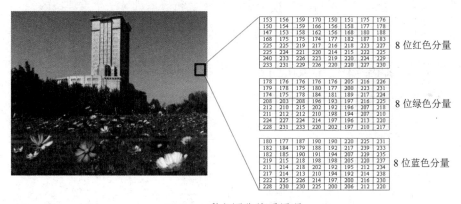

图 3-4　彩色图像编码原理

6．图像编码

位图图像（BMP 图像）的存储量很大，由水平像素数目×垂直像素数目×每像素位数的乘积决定，所以通常需要进行压缩存储，不同的压缩采用了不同的图像编码格式。

典型的编码标准有 JPEG、BMP、GIF、TIFF 等。

7．音频编码

音频是连续的模拟信号，需经采样、量化和编码形成数字音频后，进行数字处理。

① 采样：按一定的采样频率对连续音频信号做时间上的离散化，即对连续信号隔一定周期获取一个信号点的过程。

② 量化：将采集的信号点的数值区分成不同位数的离散数值的过程。

③ 编码：将采集到的离散时间点的信号的离散数值按一定规则编码存储的过程。

音频的编码标准有 MIDI（Musical Instrument Digital Interface）、WAV、MP3 等。

采样频率、采样精度、编码方法及其保真度等指标对音频质量和数据量产生重要影响。模拟音频数字化处理过程如图 3-5 所示。

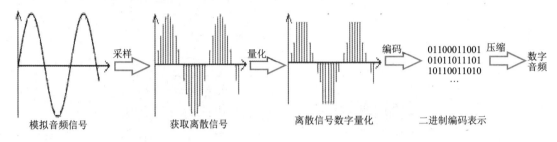

图 3-5　模拟音频数字化处理过程

8．视频编码

① 视频是时间序列的动态图像（如 25 帧/秒），也是连续的模拟信号，需要经过采样、量化和编码形成数字视频，然后保存和处理。同时，视频可能是由视频、音频及文字经同步后形成的，因此视频处理相当于按照时间序列处理图像、声音和文字及其同步问题。

② 数据速率、压缩比、关键帧等指标对视频质量和数据总量产生重要影响。

③ 视频编码一般采用 MPEG（Moving Pictures Experts Group，动态图像专家组）标准。

五、基于 0/1 逻辑的电子元器件实现

1．用继电器开关实现基本逻辑运算

如图 3-6 所示。

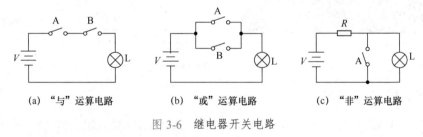

(a) "与"运算电路　　　(b) "或"运算电路　　　(c) "非"运算电路

图 3-6　继电器开关电路

2．用二极管、三极管实现基本逻辑门电路

如图 3-7 所示。

3．基本逻辑门电路的符号

① "与"门电路符号：————| & |————。

② "或"门电路符号：————| ≥1 |————。

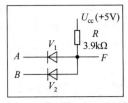

(a) "与" 门电路：A、B 高→F 高，否则 F 低

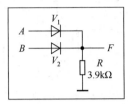

(b) "或" 门电路：A、B 低→F 低，否则 F 高

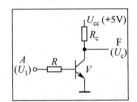

(c) "非" 门电路：A 低→F 高，A 高→F 低

图 3-7　基本逻辑门电路

③ "非" 门电路符号：——□1□——。

④ 异或门电路符号：——□=1□——。

六、复杂逻辑部件的硬件实现

1．基于门电路的复杂组合逻辑电路（1 位加法器）

如图 3-8 所示。

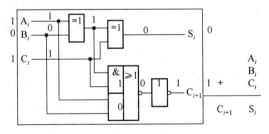

图 3-8　基于门电路的复杂组合逻辑电路（1 位加法器）

2．多位加法器组合逻辑电路（2 位加法器）

如图 3-9 所示。

3．译码器组合逻辑电路（2-4 译码器）

如图 3-10 所示。

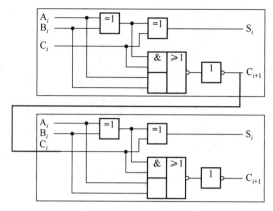

图 3-9　多位加法器组合逻辑电路图（2 位加法器）

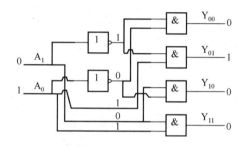

图 3-10　译码器组合逻辑电路图（2-4 译码器）

4．微处理器的实现

微处理器芯片即复杂组合逻辑集成在一块板上并封装而成的电路，如图 3-11 所示。

图 3-11　微处理器芯片

例如，从 Intel 4004 在 12 mm^2 的芯片上集成了 2250 个晶体管，到 Pentium 4 处理器内建了 4200 万颗晶体管、采用 0.18 μm 的电路，再到 Intel 的 45 nm Core 2 至尊/至强四核处理器上装载了 8.2 亿颗晶体管，Intel Core i7 处理器的芯片集成度达到了 14 亿颗晶体管。目前，一些高端芯片管线间距只有几纳米。微处理器一直在快速进步和发展。

七、来自计算机发展史的启示

1．计算机发展的代次

根据计算机核心逻辑元件的不同，计算机的发展可以划分为 4 个代次，如图 3-12 所示。
第一代：电子管计算机，1946—1959 年，4000～50000 次/秒。

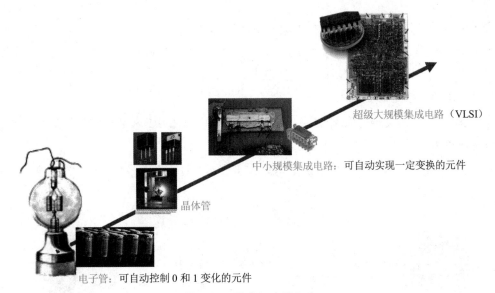

超级大规模集成电路（VLSI）

中小规模集成电路：可自动实现一定变换的元件

晶体管

电子管：可自动控制0和1变化的元件

图 3-12　计算机发展代次

第二代：晶体管计算机，1959—1964 年，几十万～几百万次/秒。

第三代：中小规模集成电路计算机，1964—1972 年，几百万次/秒。

第四代：超大规模集成电路计算机，1972 年至今，几百万～几百亿次/秒。

2 . 元器件的发展变化

自动计算中的元器件经过不断地发展变化，性能指标也有很大的改进，具体表现为：

① 体积越来越小。

② 可靠性越来越高。

③ 电路规模越来越大。

④ 速度越来越快。

⑤ 功能越来越强大。

3 . 摩尔定律

集成电路出现后，Intel 公司创始人戈登·摩尔提出：当价格不变时，集成电路上可容纳的晶体管数目约每隔 18 个月便会增加 1 倍，其性能也将提升 1 倍。这就是微电子产业中非常著名的摩尔定律，在过去的几十年中见证了集成电路的飞速发展。关于集成电路的规模划分一般可以参照表 3-2 所示。

表 3-2　**集成电路规模划分**

集成电路规模	元器件数目
小规模集成电路（SSI）	<100
中规模集成电路（MSI）	100～3000
大规模集成电路（LSI）	3000～10 万
超大规模集成电路（VLSI）	10 万～几十亿
极大规模集成电路（ULSI）	>100 亿

八、0/1 思维小结

① 0/1 与易经：语义符号化与语义绑定。

② 0/1 与逻辑：思维方式与逻辑运算规则。

③ 0/1 与进位制：数值型信息表示与算术计算规则。

④ 0/1 与编码：非数值型信息表示。

⑤ 0/1 与电子器件：硬件实现，高/低电平、开关、二极管/三极管、与门、或门等，组合电路与时序电路、CPU 与存储器。

⑥ 从现实层（语义层）到物理层（硬件实现）都可以用 0/1 表达与处理，能用硬件处理，也就能被计算机处理。

如图 3-13 和图 3-14 所示，本节的基本思维可表示为：语义符号化 → 符号计算化 → 计算自动化 → 分层构造化 → 构造集成化。

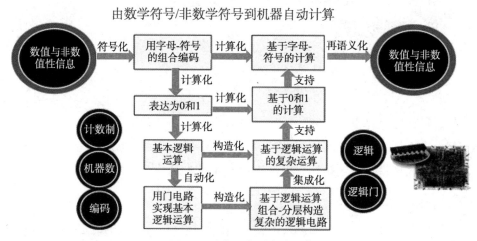

图 3-13 从符号化到自动计算

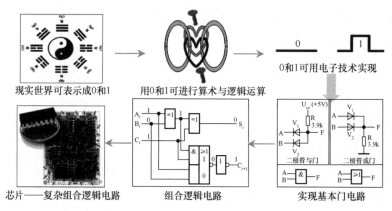

图 3-14 自动计算的基本思维

3.2 练习题

一、单选题

1. 易经是用 0 和 1 符号化自然现象及其变化规律的典型案例。下列说法中不正确的是

（　　）。

  A．易经既是用0和1来抽象自然现象又不单纯是0和1，即将0和1与语义"阴"和"阳"绑定在一起

  B．易经本质上是关于0和1、0和1的三画（或六画）组合以及这些组合之间相互变化规律的一门学问

  C．易经只是以自然现象为依托，对人事及未来进行占卜或算卦的一种学说

  D．易经通过"阴""阳"（0和1）符号化，既反映了自然现象及其变化规律，又能将其映射到不同的空间，反映不同空间事务的变化规律，如人事现象及其变化规律

  2．易经的乾卦是从"天"这种自然现象抽象出来的，为什么称其为"乾"而不称其为"天"呢？（　　）

  A．易经创作者故弄玄虚，引入一个新的名词，其实没有必要

  B．易经的"乾"和"天"是不同的，"乾"是一种比"天"具有更丰富语义的事物

  C．"天"是一种具体事物，只能在自然空间中应用，若变换到不同空间应用，可能引起混淆；而"乾"是抽象空间中的概念，是指具有"天"这种事务的性质，应用于不同的空间时不会产生这种问题

  D．易经创作者依据阴阳组合的符号特征，选择了更符合该符号的名字"乾"

  3．逻辑运算是最基本的基于"真/假"值的运算，也可以被看作基于"0/1"的运算，1为真，0为假。关于基本逻辑运算，下列说法中不正确的是（　　）。

  A．"与"运算是"有0为0，全1为1"

  B．"或"运算是"有1为1，全0为0"

  C．"非"运算是"非0则1，非1则0"

  D．"异或"运算是"相同为1，不同为0"

  4．已知：M、N和K的值只能有一个1，其他为0，并且满足下列所有逻辑式：

$$((M\ AND\ (NOT\ K))\ OR\ ((NOT\ M)\ AND\ K)) = 1$$

$$(NOT\ N)\ AND\ ((M\ AND\ (NOT\ K))\ OR\ ((NOT\ M)\ AND\ K))) = 1$$

$$(NOT\ N)\ AND\ (NOT\ K) = 1$$

那么，M、N、K的值为（　　）。

  A．0，1，0   B．1，0，0

  C．0，0，1   D．1，1，0

  5．已知：关于S_i和C_{i+1}的逻辑运算式如下（参考教材加法器逻辑图）：

$$C_i = (A_i\ XOR\ B_i)\ XOR\ C_i$$

$$C_{i+1} = (A_i\ AND\ B_i)\ OR\ ((A_i\ XOR\ B_i)\ AND\ C_i)$$

若$A_i = 1$，$B_i = 0$，$C_i = 0$，则S_i、C_{i+1}的值为（　　）。

  A．0，0   B．1，0

  C．0，1   D．1，1

6. 已知：关于 S_i 和 C_{i+1} 的逻辑运算式如下：（参考教材加法器逻辑图）

$$C_i = (A_i \text{ XOR } B_i) \text{ XOR } C_i$$

$$C_{i+1} = (A_i \text{ AND } B_i) \text{ OR } ((A_i \text{ XOR } B_i) \text{ AND } C_i)$$

若 $A_i = 1$，$B_i = 1$，$C_i = 1$，则 S_i、C_{i+1} 的值为（　　）。

A．0，0   B．0，1

C．1，0   D．1，1

7. 若用 8 位 0、1 表示一个二进制数，其中 1 位即最高位为符号位，其余 7 位为数值位。对于 $(+15)_{10}$ 的原码、反码和补码表示，正确的是（　　）。

A．10001111，11110000，11110001   B．00001111，01110000，01110001

C．00001111，00001111，00001111   D．00001111，01110001，01110000

8. 若用 8 位 0、1 表示一个二进制数，其中 1 位即最高位为符号位，其余 7 位为数值位。对于 $(-18)_{10}$ 的原码、反码和补码表示，正确的是（　　）。

A．10010010，01101101，01101110   B．10010010，11101101，11101110

C．10010010，11101110，11101101   D．00010010，01101101，01101110

9、若用 5 位 0、1 表示一个二进制数，其中 1 位即最高位为符号位，其余 4 位为数值位。若要进行 11-4 的操作，可转换为 11 + (-4)的操作，采用补码进行运算，下列运算式及结果正确的是（　　）。

A．0 1011 + 1 0100 = 1 1111   B．0 1011 + 1 1100 = 0 0111

C．0 1011 + 1 0100 = 0 0111   D．0 1011 + 1 1011 = 0 0110

10. 若用 5 位 0、1 表示一个二进制数，其中最高位占 1 位，为符号位，其余 4 位为数值位。若要进行 -7-4 的操作，可转换为 (-7) + (-4)的操作，采用补码进行运算，下列运算式及结果正确的是（　　）。

A．1 1001 + 1 1100 = 1 0101   B．1 1011 + 1 1100 = 1 0111

C．1 0111 + 1 0100 = 1 1011   D．0 1011 + 1 1011 = 0 0110

11. 若用 5 位 0、1 表示一个二进制数，其中 1 位即最高位为符号位，其余 4 位为数值位。若要进行 -7-13 的操作，可转换为 (-7) + (-13)的操作，采用补码进行运算，下列运算式及结果正确的是（　　）。

A．1 0111 + 1 1101 = 1 0100（溢出）   B．1 0111 + 1 1101 = 1 0100（未溢出）

C．1 1001 + 1 0011 = 0 1100（溢出）   D．1 1001 + 1 0010 = 0 1011（未溢出）

12. 下面关于计算机中定点数和浮点数的叙述中，正确的是（　　）。

A．定点数只能表示纯小数

B．浮点数尾数越长，数的精度就越高

C．定点数的数值范围一定比浮点数的数值范围大

D．定点数就是用十进制表示的数

13. 做无符号二进制加法：$(11001010)_2 + (00001001)_2 = ($　　$)$。

A．11001011   B．11010101

C．11010011   D．11001101

14．做无符号二进制减法：$(11001010)_2 - (00001001)_2 = ($ $)$。

A．11001001   B．11000001

C．11001011   D．11000011

15．做逻辑加法：11001010∨00001001＝（   ）。

A．00001000   B．11000001

C．00001001   D．11001011

16．做逻辑乘法：11001010∧00001001＝（   ）。

A．00001000   B．11000001

C．00001001   D．11001011

17．用八进制表示 1 字节的无符号整数，最多需要（   ）。

A．1 位   B．2 位

C．3 位   D．4 位

18．用十六进制表示 1 字节的无符号整数，最多需要（   ）。

A．1 位   B．2 位

C．3 位   D．4 位

19．十进制数-43 用 8 位二进制补码表示为（   ）。

A．10101011   B．11010101

C．11010100   D．01010101

20．1 字节的二进制编码为 1111 1111，如将其作为带符号整数的补码，它所表示的整数为（   ）。

A．255   B．-127

C．-1   D．FFH

21．十进制数-61 的 16 位二进制原码表示是（   ）。

A．0000 0000 0011 1101   B．1000 0000 0011 1101

C．1011 1101   D．-1111 01

22．一个补码由两个"0"和两个"1"组成，那么它的十进制最小值是（   ）。

A．-15   B．-7

C．-1   D．0

23．十进制数-52 用 8 位二进制补码表示为（   ）。

A．11010100   B．10101010

C．11001100   D．01010101

24．二进制正数的补码（   ）。

A．是其原码加 1　　　　　　　　B．与其原码相同

C．是其原码减 1　　　　　　　　D．是其反码加 1

25．长度为 1 字节的二进制整数，若采用补码表示，且由 5 个 "1" 和 3 个 "0" 组成，则可表示的最小十进制整数为（　　　）。

A．-120　　　　　　　　　　　　B．-113

C．-15　　　　　　　　　　　　D．-8

26．一个 8 位补码由 4 个 "1" 和 4 个 "0" 组成，则可表示的最大十进制整数为（　　　）。

A．120　　　　　　　　　　　　B．60

C．15　　　　　　　　　　　　D．240

27．采用 8 位补码表示整数时，若符号位占 1 位，则-128 在计算机中表示为（　　　）。

A．01111111　　　　　　　　　　B．10000000

C．10000001　　　　　　　　　　D．11111111

28．补码 10110110 代表的十进制数是（　　　）。

A．-54　　　　　　　　　　　　B．-68

C．-74　　　　　　　　　　　　D．-48

29．关于二进制数计算部件的实现，下列说法中正确的是（　　　）。

A．设计和实现一个最简单的计算部件只需实现逻辑与、或、非、异或等基本运算即可，则所有加、减、乘、除运算即可由该计算部件来实现

B．设计和实现一个最简单的计算部件只需实现加法运算，则所有加、减、乘、除运算即可由该计算部件来实现

C．设计和实现一个最简单的计算部件需要实现加法运算和乘法运算，则所有加、减、乘、除运算即可由该计算部件来实现

D．设计和实现一个最简单的计算部件需要分别实现加、减、乘、除运算，则所有加、减、乘、除运算才可由该计算部件来实现

30．已知字符'A'的 ASCII 值是$(41)_{16}$，则字符'D'的 ASCII 值是（　　　）。

A．$(65)_{10}$　　　　　　　　　B．$(66)_{10}$

C．$(67)_{10}$　　　　　　　　　D．$(68)_{10}$

31．对于十进制数 235，下列正确的是（　　　）。

A．其 ASCII 值为 0011 0010 0011 0011 0011 0101

B．其 ASCII 值为 0000 0010 0000 0011 0000 0101

C．其 ASCII 值为 1110 1011

D．其 ASCII 值为 0010 0011 0101

32．关于汉字外码，下列说法中不正确的是（　　　）。

A．汉字外码是用于将汉字输入机器内所使用的编码

B. 汉字外码不是0、1编码

C. 汉字外码不一定是等长编码

D. 汉字外码有拼音码、音型码、字型码和字模点阵码

33. 假设基本门电路符号为

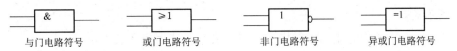

已知如下电路

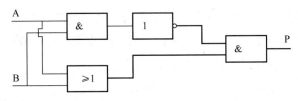

该电路实现的正确的逻辑运算为（　　　）。

A. P = (A AND B) AND (A OR B)

B. P = A XOR B

C. P = NOT (A AND B) AND (A AND B)

D. P = (A OR B) AND (A AND (NOT B))

34. 假设基本门电路符号为

已知如下电路

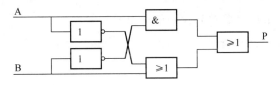

该电路不能实现的功能为（　　　）。

A. 若 A=1，B=0，则 P=1　　　　B. 若 A=1，B=1，则 P=1

C. 若 A=0，B=1，则 P=0　　　　D. 若 A=0，B=0，则 P=1

35. 假设基本门电路符号为

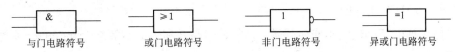

已知如下电路

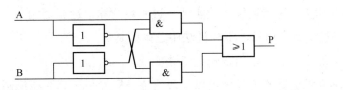

该电路实现的正确的逻辑运算为（　　　）。

A. P = (A AND (NOT B)) AND ((NOT A) OR B)

B. P = A XOR B

C. P = NOT (A AND B) AND (A AND B)

D. P = (A OR B) AND (A AND (NOT B))

36. 摩尔定律是指（　　）。

A. 芯片集成晶体管的能力每年增长 1 倍，其计算能力也增长 1 倍

B. 芯片集成晶体管的能力每两年增长 1 倍，其计算能力也增长 1 倍

C. 芯片集成晶体管的能力每 18 个月增长 1 倍，其计算能力也增长 1 倍

D. 芯片集成晶体管的能力每 6 个月增长 1 倍，其计算能力也增长 1 倍

37. 下列说法中不正确的是（　　）。

A. 集成电路的技术还将继续遵循摩尔定律若干年

B. 集成电路的技术还将永远遵循摩尔定律

C. 人们正在研究如何利用纳米技术制造芯片

D. 人们正在研究集成光路或光子、电子共同集成

二、多选题

1. 易经的符号化案例启示我们（　　）。

A. 社会/自然规律的一种研究方法是符号化，即利用符号的组合及其变化来反映社会/自然现象及其变化，将看起来不能够计算的事物转换为可以计算的事物

B. 符号化，不仅是数学符号；任何事物都可以符号化为 0 和 1，也就能进行基于 0 和 1 的运算；任何事物只要符号化，就可以被计算

C. 符号的计算不仅是数学计算，符号的组合及其变化同样是一种计算，这种计算可以基于 0 和 1 来实现

D. 符号化是对自然现象的一种抽象过程，任何事物必须符号化才能被计算

2. 逻辑的符号化案例启示我们（　　）。

A. 逻辑运算可以被认为是基于 0 和 1 的运算，其本质是一种基于位的二进制运算

B. 形式逻辑的命题与推理可以基于 0 和 1 的运算来实现；人的基本思维模式和计算机的 0 和 1 运算是相通的

C. 硬件设计的基础理论是布尔代数，是将逻辑与 0 和 1 的运算结合起来的一种数字电路设计理论

D. 基于 0 和 1 的逻辑运算不能实现二进制数的算术运算功能

3. 关于二进制算术运算，下列说法中正确的是（　　）。

A. 二进制算术运算可以用逻辑运算来实现

B. 二进制算术运算的符号位可以与数值位一样参与运算并能得到正确的结果

C．二进制算术运算的符号位不能与数值位一样参与运算但能得到正确的结果

D．二进制算术运算可以完成等值的十进制运算

4．关于二进制小数的处理，下列说法中正确的是（　　　）。

A．定点数是指二进制小数的小数点被默认处理，或者默认在符号位后、数值位前，或者默认在整个数值位的后

B．浮点数采取类似科学计数法的形式进行表示，分为三部分：符号位、纯小数部分和指数部分，其中指数的不同值确定了小数点的不同位置，故名浮点数

C．用于浮点数表示的位数不同，其表达的精度也不同，因此浮点数依据其表示位数的多少被区分为单精度数和双精度数；浮点数处理比定点数处理要复杂得多，机器中一般有专门处理浮点数的计算部件

D．所有计算机内部浮点数表达的精度、格式、范围都是相同的

5．下列叙述中不正确的为（　　　）。

A．-127 的原码为 1111 1111，反码为 1000 0000，补码 1000 0001

B．-127 的原码为 1111 1111，反码为 0000 0000，补码 0000 0001

C．-127 的原码为 1111 1111，反码为 1000 0001，补码 1000 0000

D．-127 的原码、反码和补码皆为 1111 1111

6．计算机内部使用的编码的基本特征是（　　　）。

A．唯一性　　　　　　　　　　　B．规律性

C．公共性　　　　　　　　　　　D．多样性

7．在 GB2312—1980 汉字编码标准中，有关汉字内码，下列说法中正确的是（　　　）。

A．汉字内码是两字节编码

B．汉字内码是两字节编码且两字节的最高位均为 1

C．汉字内码是机器存储和显示汉字所使用的编码

D．用户可以自己造字存入内码库

8．下列说法中正确的是（　　　）。

A．数值信息可采用二进制编码进行表示

B．非数值信息可采用基于 0/1 的编码进行表示

C．任何信息，若想用计算机进行处理，需要将其用 0 和 1 表示出来

D．0/1 的编码不能表示多媒体信息

9．假设基本门电路符号为

| 与门电路符号 | 或门电路符号 | 非门电路符号 | 异或门电路符号 |

已知如下电路

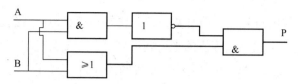

该电路可以实现的功能为（　　）。

  A．若 A=1，B=0，则 P=1   B．若 A=1，B=1，则 P=1

  C．若 A=0，B=1，则 P=1   D．若 A=0，B=0，则 P=0

  10．假设基本门电路符号为

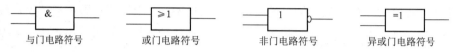

已知如下电路

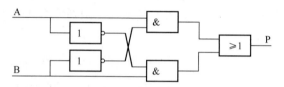

该电路可以实现的功能为（　　）。

  A．若 A=1，B=0，则 P=1   B．若 A=0，B=1，则 P=1

  C．若 A=1，B=1，则 P=1   D．若 A=0，B=0，则 P=0

  11．0/1 思维反映了语义符号化→符号计算化→计算 0（和）1 化→0（和）1 自动化→分层构造化→构造集成化，下列说法中正确的是（　　）。

  A．0 和 1 是实现任何计算的基础，是最基本的抽象和自动化机制，符号化不仅是指数学符号化，而是指最终可以转换为二进制比特的各种符号

  B．0 和 1 是连接硬件与软件的纽带，理论上，任何计算机可以由硬件实现，也可以由软件实现

  C．符号化和计算化是社会/自然与计算融合的基本思维模式，即：若要使任何社会/自然问题被计算机处理，则先要将该问题相关的内容符号化并提出相应的计算规则

  D．一般来说，通过专用硬件实现相应的运算，要比通过运行相关软件程序实现同等功能的运算速度快

三、判断题（正确的画✓，错误的画×）

  1．设 M=1，N=0，K=1，则下列运算式的计算结果是 0。（　　）

    (M OR (NOT N) OR K) AND ((NOT M) OR (N AND (NOT K)))

  2．从语义层到硬件实现都可使用 0 和 1 表达与处理。（　　）

  3．二进制数 1010 和 0101 的逻辑"按位与"运算结果为 1111。（　　）

  4．二进制数 1010 和 0101 的逻辑"按位或"运算结果为 1001。（　　）

  5．两个符号位不同的补码相加，得到的结果会溢出。（　　）

6．大写字母'A'的 ASCII 值为 41H，小写字母'a'的 ASCII 值为 61H。（　　　）

7．计算机处理汉字时，汉字的各种输入码又称为外码。（　　　）

8．由于二进制数之间的算术运算无论加、减、乘、除，都可以转化为若干步的加法运算来进行，因此加法器能够实现所有的二进制算术运算。（　　　）

9．门电路只具备最基本的逻辑功能，CPU 是非常复杂的微处理器芯片，是不能利用门电路组合来实现的。（　　　）

10．一个标准 ASCII 值用 1 字节表示，其中最高位为 0，低 7 位共 128 个组合，分别表示 1 个英文字符的编码。（　　　）

11．用低复杂度的芯片电路组合成高复杂度的芯片，并逐渐组合，功能越来越强，这种方法体现出计算机硬件系统的分层构造化思维。（　　　）

四、填空题

1．对于任意 8 位二进制数，若想让该数高 4 位取反，低 4 位不变，则可以把该数和另一个 8 位二进制数 11110000 进行按位＿＿＿＿＿＿运算。

2．表示一个 32×32 点阵的汉字字形编码，需要＿＿＿＿＿＿字节的二进制数据。

3．若某浮点数的总位数确定，则＿＿＿＿＿＿部分位数越多，表示真值的精确度越高；反之，若＿＿＿＿＿＿部分位数越多，则表示真值的范围越大。

4．设 M=1，N=0，K=1，下列运算式的计算结果是＿＿＿＿＿＿。

$$(M\ AND\ (NOT\ K))\ OR\ ((NOT\ M)\ AND\ K)$$

5．设 M=1，N=0，K=1，下列运算式的计算结果是＿＿＿＿＿＿。

$$(M\ AND\ N)\ AND\ ((NOT\ M)\ AND\ (NOT\ N))$$

6．设 M=1，N=0，K=1，下列运算式的计算结果是＿＿＿＿＿＿。

$$(M\ OR\ N)\ AND\ ((NOT\ M)\ OR\ (NOT\ N))$$

7．设 M=1，N=0，K=1，下列运算式的计算结果是＿＿＿＿＿＿。

$$(M\ OR\ (NOT\ N)\ OR\ K)\ AND\ ((NOT\ M)\ OR\ (N\ AND\ (NOT\ K)))$$

8．若 8 位二进制数记为 X，把 X 与 00000000 的"按位与"运算结果记为 X1，把 X 与 X 的"按位异或"运算结果记为 X2，把 X 与 X 的算术相减运算结果记为 X3，则 X1、X2、X3 的算术运算之和是＿＿＿＿＿＿。

9．对于任意 8 位二进制数，若想让该数高 4 位不变，低 4 位变为 0，则可以把该数和另一个 8 位二进制数＿＿＿＿＿＿进行"按位与"运算。

10．一幅尺寸为 3072×2048 像素的 24 位 RGB 真彩色图像，在非压缩情况下需要＿＿＿＿＿＿MB 的存储空间保存。

11．计算机发展经历了四个代次，构成第四代计算机的主要元器件是＿＿＿＿＿＿。

12．集成电路的规模按构成其元器件数目分为小规模集成电路（SSI）、中规模集成电路

（MSI）、大规模集成电路（LSI）、超大规模集成电路（VLSI）和极大规模集成电路（ULSI），如元器件数目>100 万，则称其为_____集成电路。

13．目前，市场上个人计算机的微处理器的字长已经达到_____位。

五、简答题

1．简述 0/1 思维。

2．机器数的特点是什么？

3．什么是汉字的外码、内码和字模点阵码？它们是怎样编码的？起什么作用？

第 4 章

程序和递归

4.1 知识点

本章主要知识点有如下三方面：

① 理解什么是程序，程序及其自动执行是计算系统的核心概念。

② 理解什么是组合、什么是抽象，组合和抽象是构造程序的基本手段。

③ 理解什么是递归、什么是迭代，递归和迭代也是构造程序的基本手段。

一、计算系统与程序

1．计算系统的设计方法

① 设计并实现"基本动作"。基本动作是简单的、容易实现的，是计算系统的基本构成要素。

② 命名基本动作形成"指令"。指令也是计算系统的基本构成要素，对一些可由外界使用或控制的基本动作进行命名，有利于外界利用名字来调用、控制或执行这些基本动作。

③ 利用指令对基本动作进行组合，形成程序。程序可以实现千变万化复杂动作的表达。

④ 设计并实现一个程序执行机构，可以自动执行程序。该机构负责将程序转换成对指令的调用次序，并按次序调用基本动作，完成程序的执行，进而完成使用者期望的功能。当一个系统能够实现上述内容后，便可认为它是一个计算系统。

2．程序表达的三种机制

① 基本动作及其指令。指令是在某层次上系统可以实现的基本元素及其表达。

例如，低抽象层次的基本元素是"与""或""非"，而高抽象层次的基本元素是加、减、乘、除等动作。不同抽象层次，基本元素是不同的。

② 组合。通过组合可以从较简单的元素出发构造出复杂的元素，这些复杂元素被称为复合元素。

③ 抽象。通过抽象可以为复合元素进行命名，进而可将被命名的复合元素当作基本元素来操作和使用。

通用计算机器（自动计算系统）的核心是指令、程序及其自动执行。其千变万化的功能主要依赖于程序的灵活多样。构造程序的基本思想和手段是组合、抽象、递归和迭代。这种思想不仅是构造程序的基本思想，也是设计计算机语言、设计任何一个系统的基本思想。

二、递归

1．递归的感性认识

具有自相似性重复的事物。

2．递归的概念

所谓递归（Recursion），在数学与计算机科学中是指用函数自身来定义函数的方法，也常用于描述以自相似方法重复事物的过程，可以用有限的语句来定义对象的无限集合。

3．递归问题的求解过程

求解递归问题 $p(n)$ 的递归步骤如下：

① 要求 $p(n)$ 应先求 $p(n-1)$ 。

② 要求 $p(n-1)$ 应先求 $p(n-2)$ 。

③ 要求 $p(n-2)$ 应先求 $p(n-3)$ 。

④ ……

⑤ 逐步递归，但问题的性质没有改变，高阶调用低阶，大事化小。

当问题简化到递归基础（回推点）时，开始回推，直到推出问题 $p(n)$ ，实现"小事化了"。递归的过程，即逐步递归→递归基础→回推，最终使问题 $p(n)$ 得到解决，如图4-1所示。

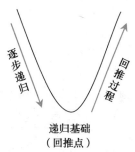

图 4-1　递归过程

4．递归算法程序的特点

递归算法程序一定是一个选择结构。

① 若不是"回推点"，则递归一步。

② 若是"回推点"，则返回或返回"回推点"的值。

三、递归算法举例

自身调用自身，高阶调用低阶。以求阶乘的算法和程序为例子，求 $n!$ 的递归算法如下：

$$\text{Fact}(n) = \begin{cases} 1, & n=1 \quad n=0 \\ n \times \text{Fact}(n-1), & n>1 \end{cases}.$$

递归过程如下：

```
int Fact(int n)
{
    int  x;
    if (n > 1)
    {
        x = Fact(n-1);                    /* 递归调用 */
        return  n* x;
    }
```

```
    else
    return 1;                          /*递归基础*/
}
```

模拟该程序的执行过程，求 *n*=5 的阶乘，模拟执行过程如图 4-2 所示。

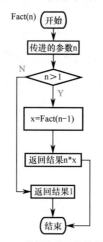

(a) 计算阶乘函数的算法

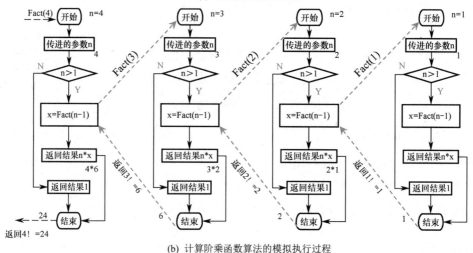

(b) 计算阶乘函数算法的模拟执行过程

图 4-2 模拟执行过程

4.2 练习题

一、单选题

1. 关于计算系统和程序，下列说法中正确的是（   ）。

A. 只有用计算机语言编写出来的代码才是程序，其他都不能称为程序

B. 构造计算系统是不需要程序的，程序对构造计算系统没有什么帮助

C. 任何系统都需要程序，只是这个程序是由人来执行还是由机器自动执行，可以由机器

自动执行程序的系统被称为计算系统

D. 程序是用户表达的随使用者目的不同而千变万化的复杂动作，不是使用者实现的而是需要计算系统完成的

2. 关于程序的说法中，不正确的是（　　　）。

A. "程序"是由人编写的、以告知计算系统实现人所期望的复杂动作

B. "程序"可以由系统自动解释执行，也可以由人解释由系统执行

C. 普通人是很难理解"程序"的，也与"程序"本身无关

D. "程序"几乎与每个人都有关系，如自动售票系统、自动取款机等

3. 关于程序的说法中，不正确的是（　　　）。

A. 程序的基本特征是复合、抽象和构造

B. 复合就是对简单元素的各种组合，即将一个（些）元素代入另一个（些）元素

C. 抽象是对各种元素的组合进行命名，并将该名字用于更复杂的组合构造；程序就是通过组合、抽象、再组合等构造出来的

D. 程序是实现一定功能的指令有序序列，只能由机器自动执行，不能由人来执行

4. 一般而言，设计和实现一个计算系统，需要设计和实现（　　　）。

A. 基本动作和程序

B. 基本动作和控制基本动作的指令

C. 基本动作、控制基本动作的指令和一个程序执行机构

D. 基本动作、控制基本动作的指令和程序

5. 用递归是可以定义语言的。如表述命题逻辑的一种语言可以如下定义：

① 一个命题是其值为真或假的一个判断语句

② 若 X 是一个命题，Y 也是一个命题，则 X AND Y、X OR Y、NOT X 也都是一个命题

③ 若 X 是一个命题，则(X)也是一个命题，括号内的命题运算优先

④ 命题由以上方式构造

若 X、Y、Z、M 等均是一个命题，则不符合上述递归定义的语句是（　　　）。

A. X

B. （X AND Y NOT Z ）

C. (X)

D. ((X AND Y) OR (NOT Z)) AND (NOT M)

6. 一个递归算法必须包括（　　　）。

A. 递归部分　　　　　　　　　　B. 终止条件和递归部分

C. 循环部分　　　　　　　　　　D. 终止条件和循环部分

7. 利用递推或递归思想求解如下题目。斐波那契数列的定义，计算第 5 项 $F(5)$ 的结果，下列说法中不正确的是（　　　）。

$$F(n) = \begin{cases} 1, & n = 0 \\ 1, & n = 1 \\ F(n-1) + F(n-2), & n > 1 \end{cases}$$

A．可以递归地进行计算结果

B．可以递推地计算即迭代计算

C．递归计算时，先计算第 4 项和第 3 项，再计算得到第 5 项

D．递推计算时，先计算第 6 项，再计算到第 5 项

8．一楼梯共 100 级，刚开始时在第 1 级，若每次只能跨上一级或二级，要走上第 8 级，共有（　　）种走法。

A．8　　　　　　　　　　　　　　B．13

C．21　　　　　　　　　　　　　　D．34

9．有一只经过训练的蜜蜂只能爬向右侧（正右、右上、右下）相邻的蜂房，其中蜂房的结构如下所示，不能反向爬行。那么，蜜蜂从蜂房 1 爬到蜂房 7 的可能路线数是（　　）。

A．8　　　　　　　　　　　　　　B．13

C．21　　　　　　　　　　　　　　D．34

10．蟠桃记。喜欢西游记的同学肯定都知道悟空偷吃蟠桃的故事，你们一定都觉得这猴子太闹腾了，其实你们有所不知：悟空是在研究一个数学问题！什么问题？他研究的问题是蟠桃一共有多少个！当时的情况是这样的：

第一天悟空吃掉桃子总数一半多一个，第二天又将剩下的桃子吃掉一半多一个，以后每天吃掉前一天剩下的一半多一个，到第 5 天准备吃的时候只剩下一个桃子。聪明的你，请帮悟空算一下，他第一天开始吃的时候桃子的个数是（　　）。

A．48　　　　　　　　　　　　　　B．46

C．22　　　　　　　　　　　　　　D．23

11．在数学中，$n! = 1 \times 2 \times 3 \times \cdots \times n$，论述其递归关系归纳如下，不正确的是（　　）。

A．若 $n > 3$，则 $F(n) = n \times F(n-1)$，否则，若 $n = 2$，则 $F(2) = 1$

B．若 $n > 0$，则 $F(n) = n \times F(n-1)$，否则，若 $n = 0$，则 $F(0) = 1$

C．若 $n > 2$，则 $F(n) = n \times F(n-1)$，否则，若 $n = 2$，则 $F(2) = 2$

D．若 $n > 1$，则 $F(n) = n \times F(n-1)$，否则，若 $n = 1$，则 $F(1) = 1$

12．求最大公约数的欧几里得的递归算法，下面说法中不正确的是（　　）。

若 $b = 0$，则 gcd$(a, b) = a$，即最大公约数是 a，否则调用 gcd$(a, a\%b)$

A. 使用该公式计算的时候，整数 a 的值必须大于 b 才能得到正确结果

B. 使用该递归公式可以转化为递推进行计算

C. $a*b/\gcd(a, b)$ 就可以得到 a 和 b 的最小公倍数

D. 若 $a=0$，则结果可能不正确

13. 要解决某问题共需要完成 12 个程序模块，如果每天至少完成 3 个模块，全部完成为止，那么共有（   ）种不同的完成方法。

A. 13   B. 10

C. 19   D. 27

二、多选题

1. 一般而言，一个高抽象层次的计算系统是可以这样实现的，即（   ）。

A. 将较低抽象层次的重复性组合，命名为较高抽象层次的指令；利用较高抽象层次的指令进行复合、抽象和构造，即形成高抽象层次的程序

B. 高抽象层次的程序通过其程序执行机构解释为高抽象层次的指令及其操作次序

C. 高抽象层次的指令被替换为低抽象层次的程序，再由低抽象层次的程序执行机构解释并执行

D. 高抽象层次的指令由程序执行机构直接执行

2. 关于"递归"，下列说法中正确的是（   ）。

A. 可以利用"递归"进行具有自相似性无限重复事物的定义

B. 可以利用"递归"进行具有自相似性无限重复规则的算法的构

C. "递归"和"递推"的算法思想相同

D. 可以利用"递归"进行具有自重复性无限重复动作的执行，即"递归计算"或"递归执行"

3. 以下属于递归算法的优点的是（   ）。

A. 代码简洁、清晰   B. 执行效率高

C. 容易验证代码正确性   D. 占用资源少

4. 以下关于递归算法的说法中，正确的是（   ）。

A. 程序开发简单，与递归过程和公式对应，容易验证程序代码的正确性

B. 其递归过程与人思考问题的方式很接近

C. 凡是递归能够解决的问题，也能用图灵机解决

D. 图灵机也可以看作递推定义的，可以运行所有的递归算法

三、判断题（正确的画✓，错误的画×）

1. 递归常用于描述以相似方法重复事物的过程。（   ）

2. 递归问题的求解一定含有递推过程。（　　）

3. 递归程序执行效率高。（　　）

4. 递归程序容易编写。（　　）

5. 递归程序运行时占用系统资源少。（　　）

6. 递归程序的运行一定要有使递归终止的条件。（　　）

四、填空题

1. 用有限的语句定义对象的无限集合称为_____。

2. 从已知数据逐步推导出未知数据的过程称为_____。

3. 递归过程包括三个环节，即递归、递归基础和_____。

4. 递归程序结构简单、容易编写，但执行效率_____。

五、简答题

1. 简述递归的概念，并说明递归程序的编写特点。

2. 简述递归问题的求解过程。

第 5 章

机器程序的自动执行

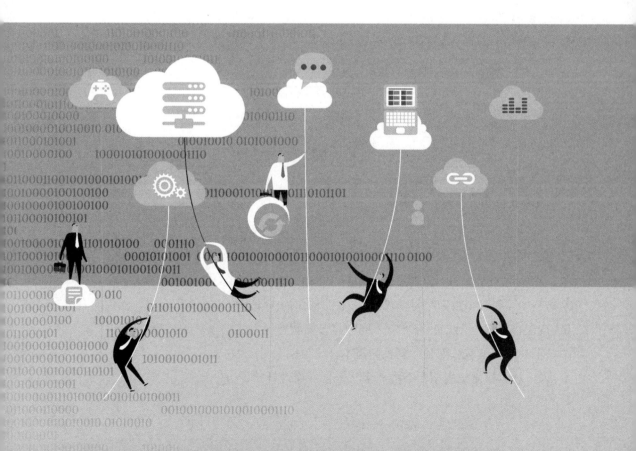

5.1　知识点

一、图灵机思想和模型

关于通用机器指令、程序及其自动执行。

1．图灵机的基本思想

图灵机的思想是数据、指令和程序以及程序/指令自动执行的基本思想。

① 对输入的 0、1 串（输入数据）处理。

② 在 0、1 串（控制串）的控制下实现基本动作（指令、程序）。

③ 产生 0、1 串的输出即结果（输出数据）。

以上 3 步的变换过程就是计算，而且是自动计算，如图 5-1 所示。

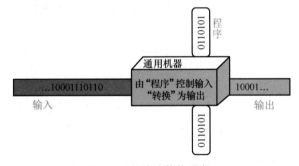

图 5-1　自动计算的过程

2．图灵机模型

图灵机是一种思想模型，由一个控制器（有限状态转换器）、一条可无限延伸的带子和一个在带子上左右移动的读写头构成，如图 5-2 所示。

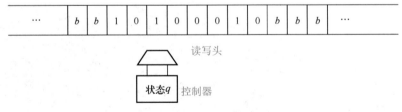

图 5-2　图灵机模型

　　程序是 5 元组$<q, X, Y, R(\text{或 } L，\text{或 } N), p>$形式的指令集，定义了机器在一个特定状态 q 下从方格中读入一个特定字符 X 时所采取的动作为在该方格中写入符号 Y，然后向右移一格 R（或向左移一格 L，或不移动 N），同时将机器状态设为 p 供下一条指令使用。

　　图灵机模型被认为是计算机的基本理论模型，是因为：

① 计算机是使用相应的程序来完成任何设定好的任务。

② 图灵机是一种离散的、有穷的、构造性的问题求解思路。

③ 凡是能用算法方法解决的问题也一定能用图灵机解决。

④ 凡是图灵机解决不了的问题任何算法也解决不了，即图灵可计算性问题。

3．图灵机模型的组成

图灵机模型由以下几部分组成。

① 一个潜在的无限长的纸带。

② 一个读写头：可以在纸带上左右移动，能读出当前所指的格子上的符号，并能改变当前格子上的符号。

③ 一个状态寄存器：用来保存图灵机当前所处的状态。图灵机的所有可能状态的数目是有限的，并且有一个特殊的状态，称为停机状态。

④ 一套控制规则：根据当前机器所处的状态及当前读写头所指的格子上的符号来确定读写头下一步的动作，并改变状态寄存器的值，令机器进入一个新的状态。

图灵认为，这样的一台机器就能模拟人类所能进行的任何计算。

二、冯·诺依曼机的思想和构成

1．冯·诺伊曼机的基本思想

① 存储程序：指令和数据以同等地位事先存放在存储器中，按地址访问存储器，连续自动地执行。

② 五大构成部件：运算器、控制器、存储器、输入设备和输出设备。

③ 指令和数据用二进制表示，指令由操作码和操作数地址码组成。

④ 以运算器为中心，控制器负责解释指令，运算器负责执行指令。

2．"存储程序控制"原理

① 将问题的求解步骤编制成为程序，程序连同它所处理的数据都用二进位表示，并预先存放在存储器中。

② 程序运行时，CPU从内存中一条一条地取出指令和相应的数据，按指令操作码的规定，对数据进行运算处理，直到程序执行完毕，如图5-3所示。

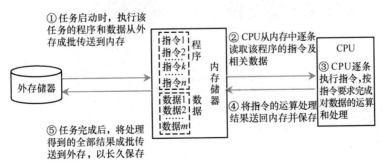

图 5-3　程序执行过程

3．以运算器和以存储器为中心的结构

冯·诺依曼机分为以运算器和以存储器为中心的结构，分别如图5-4、图5-5所示。

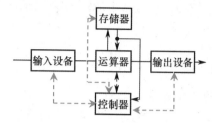

图 5-4　以运算器为中心的结构

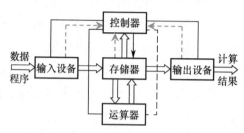

图 5-5　以存储器为中心的结构

早期是以运算器为中心的结构，运算器不能同时完成运算、输入和输出；目前是以存储器为中心的结构，可支持运算器与输入、输出的并行。

4．基本硬件部件

① CPU（Central Process Unit，中央处理单元）：将运算器和控制器集成在一块芯片上，形成微处理器。

② CPU、主存储器、I/O 设备及总线成为现代计算机的四大核心部件，如图5-6所示。

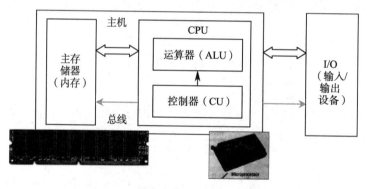

图 5-6　现代计算机四大核心部件

三、存储器：可按地址自动存取内容的部件

1．存储器的基本结构

存储器的基本结构如图5-7所示。

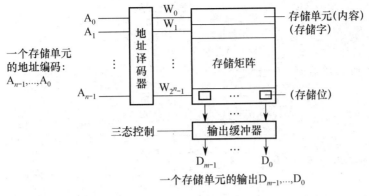

图 5-7　存储器的基本结构

2．存储器的地址与容量的关系

n 条地址线可访问的存储单元数量为 2^n，具体地址编码为 $0 \sim 2^n - 1$。

3．存储器内部实现示例

存储器的内部实现示例如图 5-8 所示。

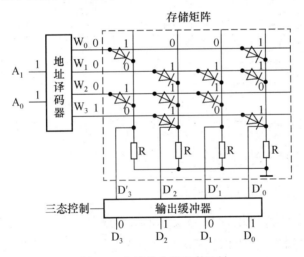

图 5-8　存储器内部实现示例

4．用存储矩阵实现的逻辑控制关系

用存储矩阵实现的逻辑控制关系如图 5-9 所示。

5．存储器芯片的连接

用多个已有存储器芯片组合（扩展）可构成容量更大的存储器。例如，利用 4 个 256×8 的存储器芯片扩展组成 1024×8 容量存储器的电路如图 5-10 所示。

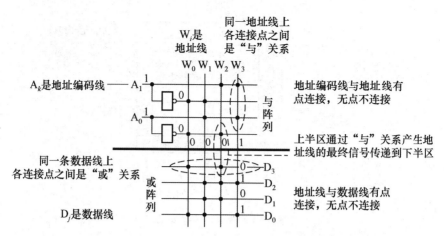

图 5-9　用存储矩阵实现的逻辑控制关系

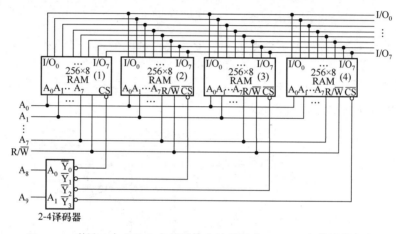

图 5-10　利用 4 个 256×8 存储器芯片扩展组成 1024×8 存储器的电路

四、机器指令与机器级程序及算法

1．算法的概念：从冯·诺依曼机的角度

机器级算法是指在机器上执行的求解问题的操作规则及步骤（硬件级算法）。相同的任务，不同的算法有不同的效率。如图 5-11 所示的例子就是完成相同的计算任务，但由于采用了不同的算法，致使效率也不同的情况。

计算 $8 \times 3^2 + 2 \times 3 + 6 = ((8 \times 3) + 2) \times 3 + 6$

计算方法1

Step1：取出数3至运算器中

Step2：乘以数3在运算器中

Step3：乘以数8在运算器中

Step4：存结果8×3^2在存储器中

Step5：取出数2在运算器中

Step6：乘以数3在运算器中

Step7：加上（8×3^2）在运算器中

Step8：加上数6在运算器中

计算方法2

Step1：取出数3至运算器中

Step2：乘以数8在运算器中

Step3：加上数2在运算器中

Step4：乘以数3在运算器中

Step5：加上数6至运算器中

图 5-11　两种计算方法比较

2．机器指令举例

① 机器指令是 CPU 可以直接分析并执行的指令，由 0 和 1 的编码表示。

② 指令 ≈ 操作码 + 地址码。

设 16 位的机器指令由 6 位操作码和 10 位地址码组成，部分指令集合定义如表 5-1 所示。

表 5-1　部分指令集合定义

机器指令		对应的功能
操作码	地址码	
取数	α	α 号存储单元的数取出送到运算器
000001	0000000100	
存数	β	运算器中的数存储到 β 号存储单元
000010	0000010000	
加法	γ	运算器中的数加上 γ 号存储单元的数，结果保留在运算器
000011	0000001010	
乘法	δ	运算器中的数乘以 δ 号存储单元的数，结果保留在运算器
000100	0000001001	
打印		打印指令
000101	0000001100	
停机		停机指令
000110		

3．机器指令程序举例

程序是由指令组合构成的。

如表 5-2 所示的示例程序由 8 条机器指令构成，能够完成 $8 \times 3^2 + 2 \times 3 + 6$ 的计算。（将其转换为 $((8 \times 3) + 2) \times 3 + 6$ 计算更方便。）

表 5-2　示例程序

十进制地址	存储单元的地址	存储单元的内容		说明
		操作码	地址码	
0	00000000 00000000	000001	0000001000	指令：取出数 3（在 8 号存储单元），至运算器
1	00000000 00000001	000100	0000001001	指令：乘以数 8（在 9 号存储单元）得 8×3，在运算器中
2	00000000 00000010	000011	0000001010	指令：加上数 2（在 10 号存储单元）得 8×3+2，在运算器中
3	00000000 00000011	000100	0000001000	指令：乘以数 3（在 8 号存储单元）得(8×3+2)×3，在运算器中
4	00000000 00000100	000011	0000001011	指令：加上数 6（在 11 号存储单元）得 $8 \times 3^2 + 2 \times 3 + 6$，至运算器
5	00000000 00000101	000010	0000001100	指令：将上述运算器中结果存于 12 号单元
6	00000000 00000110	000101	0000001100	指令：打印
7	00000000 00000111	000110		指令：停机
8	00000000 00001000	000000	0000000011	数据：数 3 存于 8 号单元
9	00000000 00001001	000000	0000001000	数据：数 8 存于 9 号单元
10	00000000 00001010	000000	0000000010	数据：数 2 存于 10 号单元
11	00000000 00001011	000000	0000000110	数据：数 6 存于 11 号单元
12	00000000 00001100			数据：存数结果

五、机器级程序的存储与执行（机器信号的节拍控制）

1. 典型机器的概念结构

典型机器的概念结构如图 5-12 所示。

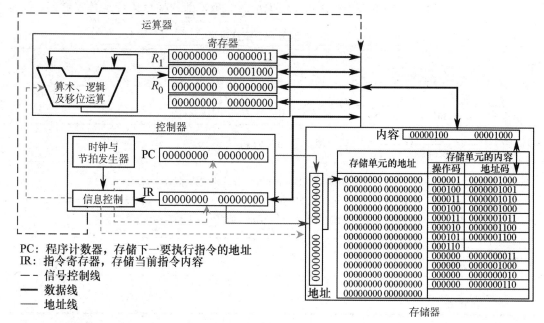

图 5-12　典型机器的概念结构

2. 时钟周期、节拍与机器周期

由信号发生器产生各种电平信号，发送给各部件，各部件依据控制要求再产生相应的电平信号，这种信号的产生、传递和变换过程即指令的执行过程。

① 时钟周期：机器中时钟发生器产生的基本时钟周期，是 CPU 主频的倒数。

② 机器周期：通常指一条标准指令执行的时间单位，可能包含若干时钟周期（节拍），不同节拍发出不同的信号，完成不同的任务。

完成一条指令的执行所需的时间一般包括取指令、分析指令和执行指令等阶段，不同功能的指令或不同的指令系统所需的节拍数量差异较大。

计算机完成运算，就是各种信号在变换和传递过程中都需要接受时钟和节拍等时序的控制，即机器内部时序，如图 5-13 所示，以保证有条不紊地进行。

六、关于电子计算系统的发展脉络

1. 微处理器性能的衡量指标

① 主频：CPU 每秒钟能够产生的时钟个数，是衡量机器运行速度的重要指标。

② 字长：CPU 一次操作最多能处理的二进制数据位数，是衡量机器计算能力的重要指标。

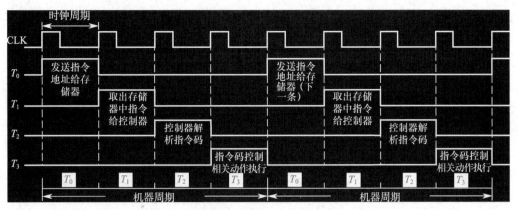

图 5-13 机器内部时序

③ 功能/规模：CPU 内部是否集成了更多的处理部件，如协处理器、多媒体处理器等多核结构，集成的部件越多，功能越强，规模也越大。

④ 晶体管数量：随着 CPU 规模越来越大，所集成的晶体管数量越来越多，对制造工艺的要求也越来越高。

2．来自计算机硬件发展的启示

计算机系统核心部件的探索历程如图 5-14 所示。

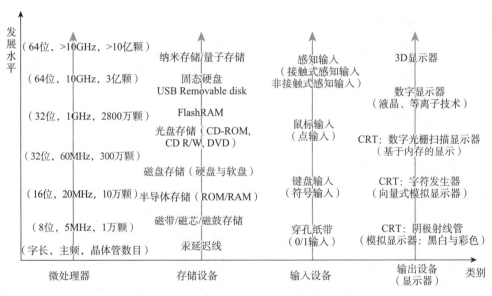

图 5-14　计算机系统核心部件的探索历程

七、关于冯·诺依曼机的贯通性思维小结

1．基本目标：理解程序及其硬件实现思维。

程序及其硬件的实现思维图如图 5-15 所示。

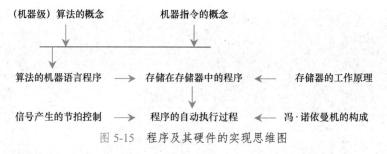

图 5-15　程序及其硬件的实现思维图

2．基本思维

本章叙述的两条基本思维可总结如下。

① 机器级算法与程序 → 机器指令与指令系统 → 存储器 → 存储程序 → 运算器与控制器 → 机器级程序的执行。

② 算法程序化 → 程序指令化 → 指令存储化 → 执行信号化。

5.2　练习题

一、单选题

1. 下列关于"图灵机"的说法中错误的是（　　）。

A．图灵机的状态转移函数<q, X, Y, R(或 L，或 N), p>就是一条指令，即在 q 状态下，当输入为 X 时，输出为 Y，读写头向右（R）、向左（L）移动一格或不动（N），状态变为 p

B．图灵机是计算机的理论模型，是一种离散的、有穷的、构造性的问题求解思路

C．凡是能用算法解决的问题也一定能用图灵机解决，凡是图灵机解决不了的计算问题人和算法也解决不了

D．图灵机只能解决简单有规律的计算问题，对于复杂问题必须通过其他方法解决

2. 图 5-16 为用状态转换图示意的一个图灵机，其字母集合为{0, 1, X, Y, B}，其中 B 为空白字符；状态集合为{S1, S2, S3, S4, S5}，S1 为起始状态，S5 为终止状态；箭头表示状态转换，其上标注的如<in, out, direction>表示输入是 in 时，输出 out，向 direction 方向移动一格，同时将状态按箭头方向实现转换，其中 in、out 均是字母集中的符号，direction 可以为 R（向右移动）、L（向左移动）、N（停留在原处）。那么，该图灵机的功能是（　　）。

A．识别是否如 0101　01010101 的 0、1 串，即一个 0 接续一个 1，且 0 的个数和 1 的个数相同

B．将形如 000111　00001111 的 0、1 串，即左侧连续 0 的个数和右侧连续 1 的个数相同的 0、1 串，转换为 XXXYYY　XXXXYYYY 的形式

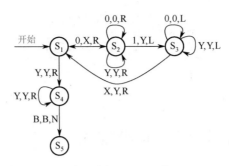

图 5-16 单选题第 2 题图

C. 将形如 0101 01010101 的 0、1 串，即一个 0 接续一个 1 且 0 的个数和 1 的个数相同，转换为 XYXY XYXYXYXY 的形式

D. 识别是否如 000111 00001111 的 0、1 串，即左侧连续 0 的个数和右侧连续 1 的个数相同的 0、1 串

3. 图 5-17 为用状态转换图示意的一个图灵机，其字母集合为{0, 1, X, Y, B}，其中 B 为空白字符；状态集合为{S1, S2, S3, S4, S5, S6}，S1 为起始状态，S6 为终止状态；箭头表示状态转换，其上标注的如<in, out, direction>表示输入是 in 时，输出 out 向 direction 方向移动一格，同时将状态按箭头方向实现转换，其中 in、out 均是字母集中的符号，direction 可以为 R（向右移动）、L（向左移动）、N（停留在原处）。那么，该图灵机的功能是（   ）。

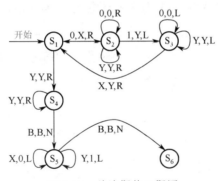

图 5-17 单选题第 3 题图

A. 识别是否如 0101 01010101 的 0、1 串，即一个 0 接续一个 1 且 0 的个数和 1 的个数相同

B. 识别是否如 000111 00001111 的 0、1 串，即左侧连续 0 的个数和右侧连续 1 的个数相同的 0、1 串

C. 将形如 0101 01010101 的 0、1 串，即一个 0 接续一个 1 且 0 的个数和 1 的个数相同，转换为 XYXY XYXYXYXY 的形式

D. 将形如 000111 00001111 的 0、1 串，即左侧连续 0 的个数和右侧连续 1 的个数相同的 0、1 串转换为 XXXYYY XXXXYYYY 的形式

4. 图 5-18 为用状态转换图示意的一个图灵机，其字母集合为{V, C, +, =, "空格", ;}；状态集合为{S1, S2, S3, S4, S5, S6, S7}，S1 为起始状态，S7 为终止状态；箭头表示状态转换，其

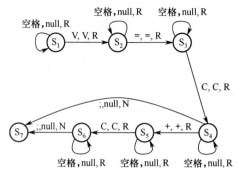

图 5-18　单选题第 4 题图

上标注的如<in, out, direction>表示输入是 in 时，输出 out 向 direction 方向移动一格，同时将状态按箭头方向实现转换，其中 in、out 均是字母集中的符号，null 表示什么也不写，direction 可以为 R（向右移动）、L（向左移动）、N（停留在原处）。那么，该图灵机的功能是（　　）。

A．能够识别"V=C+C;"形式的符号串

B．能够识别"V=C;"形式的符号串

C．能够将符号串中的空格去除掉

D．上述全部能够识别

5．图 5-19 为用状态转换图示意的一个图灵机，其字母集合为{V, C, +, =, "空格", ;}；状态集合{S1, S2, S3, S4, S5, S6, S7}，S1 为起始状态，S7 为终止状态；箭头表示状态转换，其上标注的如<in, out, direction>表示输入是 in 时，输出 out 向 direction 方向移动一格，同时将状态按箭头方向实现转换，其中 in、out 均是字母集中的符号，null 表示什么也不写，direction 可以为 R（向右移动）、L（向左移动）、N（停留在原处）。关于该图灵机的功能，下列说法中错误的是（　　）。

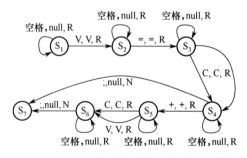

图 5-19　单选题第 5 题图

A．既能够识别"V=C+C;"形式的符号串，又能识别"V=V+C;"形式的符号串

B．既能够识别"V=C;"形式的符号串，又能识别"V=V;"形式的符号串

C．既能够识别"V=V+C;"形式的符号串，又能识别"V=C+V;"形式的符号串

D．上述说法有不正确的，即有该图灵机不能识别的符号串形式

6．关于冯·诺依曼机的结构，下列说法中正确的是（　　）。

A．冯·诺依曼机仅需要三大部件即可：运算器、控制器和存储器

B. 一般，个人计算机是由中央处理单元（CPU）、存储器、输入设备和输出设备构成的，没有运算器和控制器，所以它不是冯·诺依曼机

C. 以运算器为中心的冯·诺依曼机和以存储器为中心的冯·诺依曼机是有差别的，前者不能实现并行利用各部件，受限于运算器；后者可以实现并行利用各部件

D. 冯·诺依曼机提出"运算"和"存储"完全没有必要

7. 内存中，每个基本单位都被赋予一个序号，这个序号称为（   ）。

A. 地址　　　　　　　　　　　　B. 字节

C. 编号　　　　　　　　　　　　D. 容量

8. 在计算机中，要编辑一个已有的磁盘文件，则必须将文件读至（   ）。

A. 运算器　　　　　　　　　　　B. 控制器

C. 中央处理器　　　　　　　　　D. 内存储器

9. 在计算机中，用于连接 CPU、内存、I/O 设备等部件的设备是（   ）。

A. 地址线　　　　　　　　　　　B. 总线

C. 控制线　　　　　　　　　　　D. 数据线

10. CPU 中用来对数据进行各种算术运算和逻辑运算的执行单元是（   ）。

A. 控制器　　　　　　　　　　　B. 运算器

C. 寄存器　　　　　　　　　　　D. 微处理器

11. 一条机器指令由（   ）组成。

A. 十进制代码　　　　　　　　　B. 操作码和操作数地址

C. 英文字母和数字　　　　　　　D. 运算符和操作数

12. 下列（   ）属于计算机外部设备。

A. 打印机、鼠标器和硬盘　　　　B. 键盘、光盘和 RAM

C. RAM、硬盘和显示器　　　　　D. 主存储器、硬盘和显示器

13. 从功能上，计算机硬件主要由（   ）部件组成。

A. CPU、存储器、输入/输出设备和总线等

B. 主机和外存储器

C. CPU、主存储器和总线

D. CPU、主存

图 5-20 是一个存储器的简单模型。围绕该存储器模型，回答 14～16 题的问题。

14. 下列说法中不正确的是（   ）。

A. 该存储器既可读出，又可写入

B. 该存储器中的一个存储单元的内容是 1010

C. 该存储器可存储 4 个 4 位的存储单元

D. 该存储器的地址码分别是 00、01、10 和 11

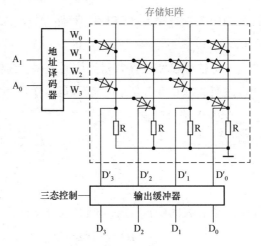

图 5-20 单选题第 14～16 题图

15. 内容为 1010 的存储单元的地址编码 A_1A_0 是（　　）。

A. 00

B. 10

C. 01

D. 11

16. A_1A_0 为 01 的存储单元，其内容 $D_3D_2D_1D_0$ 是（　　）。

A. 0101

B. 1010

C. 0111

D. 1110

图 5-21 是一个存储器的简单模型。围绕该存储器模型，回答 17～18 题的问题。

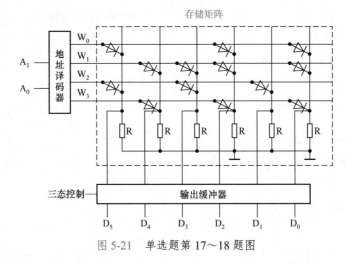

图 5-21 单选题第 17～18 题图

17. 当 A_1A_0=10 时，$D_5D_4D_3D_2D_1D_0$ 的内容是（　　）。

A. 100101

B. 011101

C. 101010

D. 010101

18. 当存储单元的内容是 100101 时，其存储单元的地址编码 A_1A_0 是（　　）。

A. 00

B. 01

C. 10

D. 11

图 5-22 是一个存储器的简单模型——"与""或"阵列图，回答 19～20 题的问题。

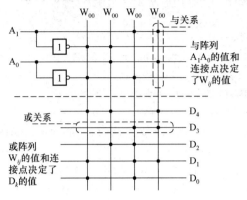

图 5-22 单选题第 19～20 题图

19．围绕该存储器模型，请写出由 A_1、A_0 产生 W_{11}、W_{10}、W_{01}、W_{00} 的逻辑表达式，书写正确的是（　　）。

A．W_{00} = (NOT A_1) OR (NOT A_0)　　　　B．W_{01} = (NOT A_1) AND A_0

C．W_{10} = A_1 OR (NOT A_0)　　　　D．W_{11} = A_1 AND (NOT A_0)

20．围绕该存储器模型，请写出由 W_{11}、W_{10}、W_{01}、W_{00} 产生 D_4、D_3、D_2、D_1、D_0 的逻辑表达式，书写不正确的是（　　）。

A．D_3 = W_{10} OR W_{11}　　　　B．D_2 = W_{01} OR W_{10}

C．D_1 = W_{00} OR W_{01} OR W_{11}　　　　D．D_0 = W_{00} OR W_{10}

21．已知一个存储器芯片 M 的 4 位二进制地址编码为 $A_3A_2A_1A_0$，其 8 条数据线为 D_7～D_0，下列说法中正确的是（　　）。

A．该存储器共有 2^8 即 256 个存储单元

B．该存储器共有 2^4 即 16 个存储单元

C．该存储器存储单元的位数，即字长为 4 位

D．该存储器的存储容量为 24×8 字节

22．已知一个存储器芯片 M 的 4 位二进制地址编码为 $A_3A_2A_1A_0$，其 8 条数据线为 D_7～D_0，如果需要构造 256 个存储单元且每个存储单元的字长为 16 位的存储器，下列说法中正确的是（　　）。

A．总计需要 M 芯片 16 个　　　　B．总计需要 M 芯片 8 个

C．总计需要 M 芯片 32 个　　　　D．总计需要 M 芯片 64 个

已知某机器的指令集合及指令格式如表 5-3 所示。

编制并存储在存储器中的一段程序如表 5-4 示意，阅读这段程序，回答 23～26 题的问题。

23．关于存储器存放的内容，下列说法中正确的是（　　）。

A．3 号存储单元存放的是数据，而 8 号存储单元存放的是指令

B．3 号存储单元存放的是数据，8 号存储单元存放的也是数据

表 5-3　某机器的指令集合及指令格式

机器指令		对应的功能
操作码	地址码	
取数	α	将α号存储单元的数，取出送到运算器的寄存器 A 中；α是任何一个十位的存储单元的地址
000001	0000000100	
存数	β	将运算器的寄存器 A 中的数，保存到β号存储单元中；β是任何一个十位的存储单元的地址
000010	0000010000	
加法	γ	将运算器中寄存器 A 的数，加上γ号存储单元的数，结果保留在运算器的寄存器 A 中
000011	0000001010	
乘法	δ	将运算器中寄存器 A 的数，乘以δ号存储单元的数，结果保留在运算器的寄存器 A 中
000100	0000001001	
打印		打印指令
000101	0000001100	
停机		停机指令
000110	0000000000	

表 5-4　编制并存储在存储器中的一段程序

对应的十进制地址	存储单元的地址	存储单元的内容	
		操作码	地址码
0	00000000 00000000	000001	0000001000
1	00000000 00000001	000100	0000001001
2	00000000 00000010	000011	0000001010
3	00000000 00000011	000100	0000001000
4	00000000 00000100	000011	0000001011
5	00000000 00000101	000010	0000001100
6	00000000 00000110	000101	0000001100
7	00000000 00000111	000110	
8	00000000 00001000	000000	0000000111
9	00000000 00001001	000000	0000000010
10	00000000 00001010	000000	0000000110
11	00000000 00001011	000000	0000000011
12	00000000 00001100		

C. 3 号存储单元存放的是指令，而 8 号存储单元存放的是数据

D. 3 号存储单元存放的是指令，8 号存储单元存放的也是指令

24. 存储器 1 号存储单元中存放的指令功能是（　　）。

A. 将运算器中寄存器 A 的数，加上 9 号存储单元的数 2，结果保留在寄存器 A 中

B. 将运算器中寄存器 A 的数，乘以 9 号存储单元的数 7，结果保留在寄存器 A 中

C. 将运算器中寄存器 A 的数，乘以 10 号存储单元的数 6，结果保留在寄存器 A 中

D. 将运算器中寄存器 A 的数，乘以 9 号存储单元的数 2，结果保留在寄存器 A 中

25. 存储器 2 号存储单元中存放的指令功能是（　　）。

A. 将 10 号存储单元的数，取出送到运算器的寄存器 A 中

B．将运算器的寄存器 A 的数，加上 10 号存储单元的数，结果保留在寄存器 A 中

C．将运算器的寄存器 A 中的数，保存到 10 号存储单元中

D．将运算器的寄存器 A 的数，乘以 10 号存储单元的数，结果保留在寄存器 A 中

26．该程序所能完成的计算是（　　　）。

A．$7 \times 2^2 + 6 \times 2 + 3$　　　　　　　　　　B．$2 \times 7^2 + 6 \times 7 + 3$

C．$6 \times 3^2 + 2 \times 3 + 7$　　　　　　　　　　D．$6 \times 3^2 + 7 \times 3 + 2$

已知某机器核心部件及其结构关系如图 5-23 所示。仔细理解该结构图，回答 27～30 题的问题。

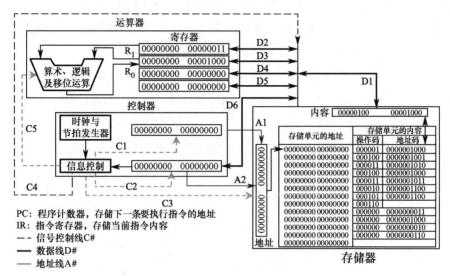

图 5-23　单选题 27～30 题图

27．保存下一条将要执行的指令地址的寄存器是（　　　）。

A．IR　　　　　　　　　　　　　　　　B．R_0 或 R_1

C．存储器的地址寄存器　　　　　　　　D．PC

28．保存正在执行指令的寄存器是（　　　）。

A．IR　　　　　　　　　　　　　　　　B．R_0 或 R_1

C．存储器的地址寄存器　　　　　　　　D．PC

29．当 CPU 在执行 000100　0000001001 指令时，PC 的值是（　　　）。

A．00000000 00000001　　　　　　　　B．00000000 00000010

C．00000000 00000011　　　　　　　　D．00000000 00000100

30．当 CPU 在执行 000100　0000001001 指令时，IR 的值是（　　　）。

A．000001 0000001000　　　　　　　　B．000100 0000001001

C．000011 0000001010　　　　　　　　D．000100 0000001000

二、多选题

1. 关于"图灵机"和"计算"，下列说法中正确的是（　　）。

A. 图灵机的基本思想只能在早期的计算机上实现，其理论不适合现代计算机

B. 计算就是对一条两端可无限延长的纸带上的一串 0 和 1，一步一步地执行指令，经过有限步骤后，得到的一个满足预先规定的符号串的变换过程

C. "数据"可被制成一串 0 和 1 的纸带送入机器中自动处理，称为数据纸带；处理数据的"指令"也可被制作成一串 0 和 1 的纸带送入机器，称为程序纸带；机器阅读程序纸带上的指令，并按指令对数据纸带上的数据进行变换处理

D. 计算机器可以这样来制造：读取程序纸带上的指令，并按照该指令对数据纸带上的数据进行相应的变换，这就是图灵机的基本思想

2. 图 5-24 为用状态转换图示意的一个图灵机，其字母集合为{0, 1, B}，其中 B 为空白字符；状态集合{q1, q2, q3, q4, q5, q6, q7, q8}，q1 为起始状态，q8 为终止状态；箭头表示状态转换，其上标注的如<in, out, direction>表示输入是 in 时，输出 out 向 direction 方向移动一格，同时将状态按箭头方向实现转换，其中 in、out 均是字母集中的符号，direction 可以为 R（向右移动）、L（向左移动）、N（停留在原处）。

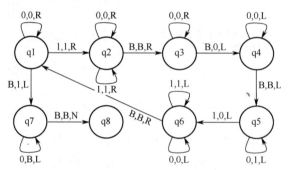

图 5-24　用状态转换图示意的图灵机

如果输入数据是 0 和 1 的不间断序列，那么该图灵机的功能叙述中正确的是（　　）。

A. 若输入数据为"11"，则输出结果为"1000"

B. 若输入数据为"101"，则输出结果为"100000"

C. 若输入数据为 x（x 是由 0 或 1 构成的二进制正整数），则输出结果为 x 的 2 倍

D. 若输入数据为 x（x 是由 0 或 1 构成的二进制正整数），则输出结果为 2 的 x 次方

3. 关于"存储程序"，下列说法中正确的是（　　）。

A. 将"指令"和"数据"以同等地位保存在存储器中，以便机器自动读取自动处理

B. 依据"存储程序"原理，计算机可由四大部分构成：运算器、存储器、输入设备和输出设备

C. 之所以将"程序"和"数据"事先存储于存储器中，是因为输入的速度满足不了计算机处理的速度，为使计算机连续自动处理，所以要存储程序

D．冯·诺依曼机的本质就是"存储程序、连续自动执行"

4．连接计算机各部件的一组公共通信线称为总线，由（　　）组成。

A．地址总线　　　　　　　　　　B．控制总线

C．数据总线　　　　　　　　　　D．同步总线

5．关于"存储在存储器中程序的执行"问题，下列说法中正确的是（　　）。

A．计算机需要提供一个可以执行的指令集合；人们用指令集合中的指令编写程序，并将编写好的程序和数据事先存放于存储器中

B．控制器一条接一条地从存储器中读取指令，读取一条指令则执行一条指令，一条指令执行完成后，再读下一条指令

C．当读取一条指令后，程序计数器 PC 的值自动加 1，以指向下一条将要读取的指令；当程序需要转往他处执行时，则可以用它处存放指令的地址来修改 PC 的值即可

D．程序和数据虽然都存储在计算机内部，但它们的存储形式是有本质区别的

三、判断题（正确的画✓，错误的画×）

1．图灵将控制处理的规则用 0 和 1 表达，将待处理的信息及结果也用 0 和 1 表达，处理即对 0 和 1 的变换，提出了计算机的理论模型——图灵机。（　　）

2．冯·诺依曼提出了将程序和数据存储于存储器中，实现连续自动计算的现代计算机模型——冯·诺依曼机，促进了计算机技术由理论向实现的转变。（　　）

3．因为机器语言是计算机能够直接识别和执行的唯一语言，所以所有计算机的机器语言都是相同的。（　　）

4．运算器完成算术运算和逻辑运算，指令的读取和分析由控制器负责。（　　）

5．以运算器为中心的计算机，在计算的同时可支持输入、输出的并行工作。（　　）

6．要访问 1 GB 容量的存储器，一般需要有 30 条地址线提供地址编码。（　　）

7．CPU 中的 IR 寄存器用于存放下条指令的地址，PC 寄存器用于存放当前指令。（　　）

8．机器指令中地址码部分可以直接给出操作数，也可以给出操作数在内存的地址。（　　）

9．运算器和存储器是计算机 CPU 的两大重要组成部分。（　　）

10．图灵机是一种离散的、无穷的、构造性的问题求解思路。（　　）

四、填空题

1．一条机器指令一般包括＿＿＿＿＿＿和地址码两部分。

2．机器指令的执行就是在＿＿＿＿＿＿与节拍的控制下的信号产生、变换和传递的过程。

3．机器级程序的执行即往复不断地从存储器中取出指令、分析指令和＿＿＿＿＿＿指令的过程。

4．凡是能用算法解决的问题，也一定能用图灵机解决；凡是图灵机解决不了的问题，任何算法也解决不了。这就是著名的图灵＿＿＿＿＿＿问题。

5．按照冯·诺依曼思想，_____是可依据事先编制好的程序，指挥协调各部件进行相应工作的部件。

6．每个存储单元都有一个地址编码，地址编码线首先通过_____器选中某存储单元，然后进行读或写。

7．按照冯·诺依曼思想，计算机五大部件分别为_____、控制器、存储器、输入设备和输出设备。

五、简答题

1．简述冯·诺依曼机的基本思想。

2．简述图灵机基本组成。

3．简述衡量微处理器性能的几个主要指标。

第 6 章

复杂环境下程序的执行

6.1 知识点

一、现代计算机系统的构成

1．现代计算机系统构成

现代计算机系统的构成如图 6-1 所示。

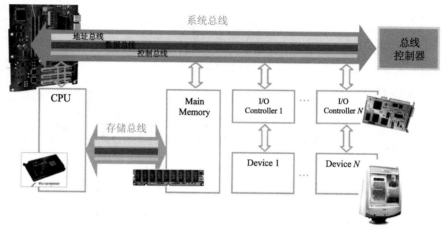

图 6-1　现代计算机系统的构成

① 现代计算机系统由硬件、软件、数据和网络等几部分构成。

② 计算机硬件由主机和外部设备两大部分构成。

③ 计算机软件由系统软件和应用软件两大类构成。

2．系统软件

计算机软件系统的组成层次如图 6-2 所示，其中系统软件主要有如下几类。

图 6-2　计算机软件组成的层次

① 操作系统：控制和管理计算机系统的软件和硬件资源。

② 语言处理系统：计算机语言编译系统及其编程环境。

③ 数据库管理系统：控制和管理数据库中的数据。

④ 工具软件：用于管理和维护计算机系统。

3．应用软件

应用软件是为解决某种应用需要，用某种计算机语言所编制的软件，如图 6-2 中的应用程序/软件包，如财务管理软件、成绩管理软件等。当前各种应用程序或软件包是层出不穷的。

4．计算机软件总览

计算机软件系统组成总览如图 6-3 所示。

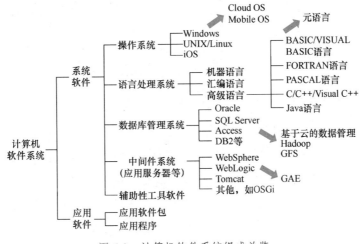

图 6-3　计算机软件系统组成总览

二、现代计算机的存储体系

1．计算机存储器分类

根据存储需求和存储性能的不同，用于存储信息的存储器有多种类别，工作原理也各不相同。一般来说，计算机存储器可以分为三大类。

① 寄存器：CPU 内部用于存放当前指令处理的指令和数据，工作速度与 CPU 相当，容量相对较小。

② 半导体存储器：主要有随机存取存储器（RAM）和只读存储器（ROM）两种，一般作为计算机内存使用，工作速度低于寄存器但高于外存。半导体存储器根据性能和工作原理有很多种分类，用途也不尽相同，如图 6-4 所示。

③ 磁存储器：主要包括磁盘和磁带等存储器，工作速度较慢，但容量很大且能够长期保存信息，一般用于计算机外存。目前，作为计算机主要外存的硬盘已经不限于磁存储器，基于闪存技术的固态硬盘工作速度比磁盘要快很多，成为外存的重要补充。

2．存储器的工作原理

内存与外存的工作原理差别很大，它们的存取方式也有很大的不同。

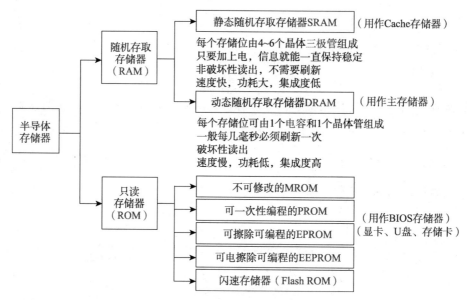

图 6-4　半导体存储器分类

（1）内存工作原理

内存储器（ROM 或 RAM）结构如图 6-5 所示，如果给定一个地址，就能够读写一个存储单元（一行）。地址通常为 16 位（64 KB）或 32 位（4 GB），是内存单元的唯一访问标识。一个存储单元也叫存储字，通常为 1、2、4 或 8 字节。工作过程中一次给出一个地址，经过地址译码器选中一个对应的存储单元，就实现了按地址访问存储器。

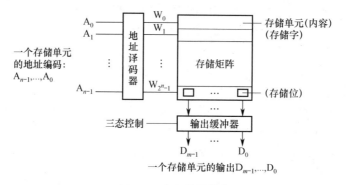

图 6-5　内存储器结构

（2）外存工作原理

磁盘结构如图 6-6 所示，磁盘是以扇区为单位进行读写的，一个扇区通常存放 512 字节。访问磁盘时首先要定位到被访问的扇区，包括定位到盘面、磁道、扇区三个步骤。磁盘工作速度受磁盘转速、定位时间和缓存容量等指标影响较大。

若一个磁盘由 8 个盘片（24 个盘面），每个盘面有 2^{16}（65 536）个磁道，每个磁道平均有 $2^8=256$ 个扇区，每个扇区有 $2^9=512$ 字节，则磁盘的容量为 $2^4 \times 2^{16} \times 2^8 \times 2^9 = 2^{37}$ 字节，即 128 GB。

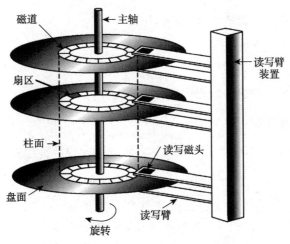

图 6-6 磁盘结构

3．现代计算机存储体系

现代计算机的存储体系如图 6-7 所示，由多层次不同类型和特点的存储器组成，是不同性能资源的组合优化，满足大容量、高速度和低成本的需求。

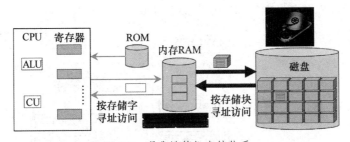

图 6-7 现代计算机存储体系

4．基本输入/输出系统（ROM-BIOS）

BIOS（Basic Input/Output System）是开机第一个程序，存放在主板的 ROM 芯片中（也称为固件），BIOS 程序主要有四方面的功能。

① 加电自检程序（POST，Power On Self Test）：用于检测计算机硬件故障。

② 系统自举程序（Boot）：启动计算机工作，加载并进入操作系统运行状态。

③ CMOS 设置程序：用于设置系统参数，包括系统日期、时间、口令、配置参数等。这些参数保存在主板上的一块 RAM 芯片中，靠电池供电，维持信息不丢失。

④ 常用外部设备的驱动程序（Driver）：在计算机启动阶段实现对键盘、显示器、软驱和硬盘等常用外部设备输入、输出操作的控制。

三、核心软件系统——操作系统

1．操作系统

操作系统是最基本、最重要的系统软件，是对硬件功能扩展的软件。

① 操作系统是用户与计算机硬件之间的接口。

② 操作系统是对硬件功能的第一层扩充。

③ 操作系统为用户提供了虚拟机。

④ 操作系统是计算机系统的资源管理者和控制者。

2．操作系统的基本功能

操作系统控制、管理、调度计算机系统的各种软件、硬件资源进行工作，如图 6-8 所示。

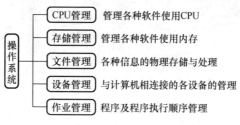

图 6-8　操作系统的基本功能

3．操作系统引导过程及命令执行过程

操作系统引导过程及命令执行过程如图 6-9 所示。

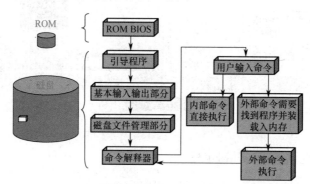

图 6-9　操作系统引导过程及命令执行过程

4．操作系统的启动和关闭

操作系统的启动和关闭过程如图 6-10 所示。

图 6-10　操作系统的启动和关闭过程

5．操作系统的进程调度

操作系统的进程调度情况如图 6-11 所示。

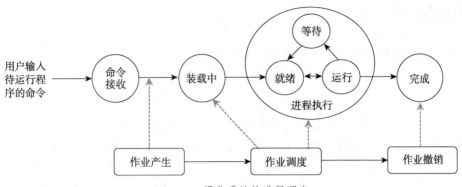

图 6-11　操作系统的进程调度

① 运行状态：正在占据 CPU 的进程，其数目不能多于 CPU 数目。若时间片用完，则进入就绪状态；若请求资源，则进入等待状态。

② 就绪状态：进程获得了其他一切资源，只因为没得到 CPU，一旦获得 CPU 使用，立即进入运行状态。

③ 等待（封锁/阻塞）状态：等待资源中，若条件满足，则转入就绪状态。

④ 创建状态：进程正在创建中。

⑤ 终止状态：进程运行结束。

四、现代计算机系统的工作小结

现代计算机系统的工作如图 6-12 所示。

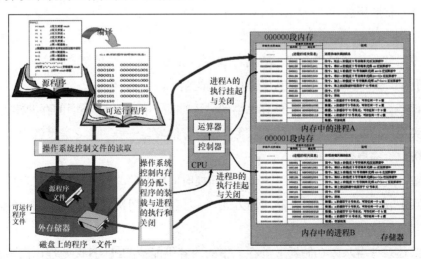

图 6-12　现代计算机系统的工作

本章的基本思维可表示为：存储体系 → 磁盘存取 → 操作系统 → 作业与进程 → 程序执行的管理与控制。

6.2 练习题

一、单选题

1. 关于现代计算机系统，下列说法中正确的是（　　）。

A. 计算机就是一个主机箱、一个显示器、一个键盘和一个鼠标

B. 计算机不仅是主机箱、显示器、键盘和鼠标，还包括扫描仪、打印机、数码设备

C. 人们认为，计算机不仅包括硬件和软件，还包括网络和数据，很多软件都可通过网络来使用，人们的注意力已经从关注软硬件转移为关注各种各样的数据

D. 计算机不仅是如 B 一样的硬件设备，其最重要的部分是软件，安装在计算机上的各种各样的软件才能体现出计算机功能的强弱

2. 关于微型计算机的主机箱，下列说法中正确的是（　　）。

A. 主机箱中有电源，还有一块电路板即主板。主板上有一个微处理器（CPU）

B. 主机箱中有电源和主板，主板上有微处理器和内存

C. 主机箱中有电源和主板，主板上有内存条，同时各种磁盘驱动器被连接到主板上，进而接受 CPU 的控制

D. 主机箱中有电源、主板，主板上有微处理器和内存条，磁盘驱动器被连接到主板上，进而接受 CPU 的控制

3. 关于计算机软件，下列说法中正确的是（　　）。

A. 计算机软件就是操作系统

B. 计算机软件包括操作系统、计算机语言处理系统、数据库管理系统、辅助性工具软件以及各种应用软件

C. Linux 是典型的应用软件

D. 计算机软件包括操作系统、防病毒软件和各种应用软件

4. 关于存储体系，下列说法中正确并完整的是（　　）。

A. 存储体系是由内存储器、外存储器等若干性能不同、价格不同的存储器构成的系统，并实现自动管理，使外界看起来容量像外存的容量——更大、速度像内存的速度——更快、价格更合理

B. 存储体系采取了以批量换速度、以空间换时间的策略，对价格较低且存取时间慢的存储器采取一次读取一个存储块的方式，而对存取时间快且价格较高的存储器采取一次读取一个存储单元的方式

C. 存储体系使得永久存储器（外存）中的内容不能被 CPU 直接处理，而需首先装入临时性存储器（内存），才能被 CPU 一次一个单元地进行处理

D. 上述全部正确

5. 关于内存，下列说法中不正确的是（　　）。

A．内存是一种可临时保存信息的存储设备

B．CPU 可以一个存储字一个存储字地按地址读写内存

C．当机器断电时，内存的信息不会丢失

D．内存容量越大，计算机运行速度越快

6．关于操作系统，下列说法中不正确的是（　　　）。

A．操作系统是计算机系统中环境与资源的管理者

B．操作系统是用户与计算机硬件之间的接口，是扩展了硬件功能的一种虚拟机器

C．操作系统仅仅是管理 CPU 执行任何应用程序的一组程序

D．操作系统是一组"控制和管理各种资源"的程序

7．关于操作系统内存管理的基本思路，下列说法中错误的是（　　　）。

A．操作系统负责内存的分配和回收

B．操作系统负责内存的访问控制

C．操作系统内存管理仅负责将内存数据写到磁盘

D．操作系统可以进行内存的扩充

8．操作系统有启动阶段、工作阶段和关闭阶段。（　　　）不是关闭阶段的工作。

A．保存用户设置

B．加载服务程序

C．关闭相关设备

D．将内存内容写回外存

9．在使用计算机时，若直接通过断电的方式来关闭机器，下列说法中不正确的是（　　　）。

A．因瞬时电路冲击，将造成计算机硬件如主板等的损坏

B．将造成当前工作中尚未保存内容丢失

C．将造成机器处于不正常状态，但仍旧可重新启动

D．将造成一些外部设备的访问错误，甚至不能够再访问被影响的设备

10．关于装载进内存的程序，下列说法中正确的是（　　　）。

A．正确的装载次序：操作系统 → ROM-BIOS → 应用程序

B．正确的装载次序：ROM-BIOS → 应用程序 → 操作系统 → 应用程序

C．正确的装载次序：ROM-BIOS → 操作系统 → 应用程序

D．正确的装载次序：应用程序 → 操作系统 → 应用程序

11．关于 BIOS 的描述，下列说法中正确的是（　　　）。

A．BIOS 称为基本输入/输出系统，是一组 C 语言程序

B．BIOS 中包含有键盘、显示器等基本外围设备的驱动程序

C．BIOS 程序存放在硬盘上，计算机接通电源后，BIOS 程序调入内存执行

D．在 BIOS 程序执行过程对用户是屏蔽的，没有提供任何与用户交互的方式

12. 关于 CMOS 设置程序的描述，下列说法中错误的是（   ）。

A．CMOS 设置程序属于基本输入/输出程序的一部分

B．用户可以对计算机设置口令，由 CMOS 设置程序对口令进行维护

C．计算机的时钟信息保存在 CMOS 中。在计算机的使用过程中，用户可以随时修改

D．在计算机的使用中，用户可以随时启动 CMOS 设置程序，修改系统参数

13. 关于 CMOS，下列说法中正确的是（   ）。

A．加电后用于对计算机进行自检

B．它是只读存储器，不可写入

C．存储基本输入/输出系统程序

D．需使用电池供电，否则主机断电后其中数据会丢失

14. 关于 I/O 操作的叙述，下列说法中错误的是（   ）。

A．I/O 设备的操作是由 CPU 启动的

B．I/O 设备的操作是由 I/O 控制器负责全程控制的

C．同一时刻只能有一个 I/O 设备处于工作状态

D．I/O 设备的工作速度比 CPU 慢

15. 微机中的系统配置信息如硬盘的参数、日期时间、开机口令等，均保存在主板上使用电池供电的（   ）存储器中。

A．ROM-BIOS   B．ROM

C．MOS   D．CMOS

16. 计算机中能直接与 CPU 交换数据的存储器为（   ）。

A．RAM、ROM 和 I/O 设备   B．主存储器和辅助存储器

C．随机存储器和外存储器   D．高速缓冲存储器和主存储器

17. CPU 每执行一条（   ），就完成一个最基本的算术逻辑运算或数据的存取操作。

A．命令行   B．指令

C．程序   D．语句

18. 以程序存储和程序控制为基础的计算机结构是由（   ）提出的。

A．布尔   B．冯·诺依曼

C．图灵   D．帕斯卡尔

19. 完整的计算机系统应包括（   ）。

A．主机和外设   B．系统软件和应用软件

C．硬件系统和软件系统   D．存储器、控制器、运算器和 I/O 设备

20. 计算机中 ROM 的功能是（   ）。

A．存放可读写的程序和数据   B．用于永久存放专用程序和数据

C．存放要求容量大速度快的程序文件   D．存放要求容量大速度慢的数据文件

21．存储器体系由不同类型的存储器组成多层结构，按存取速度从快到慢的是（　　）。

A．缓存（Cache）、辅助、主存　　　　B．光盘、主存、辅助

C．缓存（Cache）、主存、辅助　　　　D．DVD、主存、辅助

22．计算机中采用 Cache 是基于（　　）进行工作的。

A．存储程序控制原理　　　　　　　　B．存储器访问局部性原理

C．CPU 高速计算能力　　　　　　　　D．Cache 速度非常快

23．对于云，下列说法中不正确的是（　　）。

A．云体现的是一种计算资源"不求所有但求所用"的服务思想

B．云体现的是用软件来定义和动态构造不同性能计算机的思想

C．理论上，有了云，我们可定制任意数目 CPU、任意容量内存和外存的计算机

D．云虽可定制任意数目 CPU、任意容量内存和外存构成的计算机，但这样的计算机没有什么实用价值

24．下列关于云的说法中，不正确的是（　　）。

A．软件商可以通过云来向用户分发和部署软件产品

B．软件商可以将软件放在云上，以便向使用该软件的客户按使用时间或使用次数等收取费用

C．软件商通过让用户使用云中的软件，可以收集客户相关的信息，进而积累起庞大的客户信息资源

D．虽然软件商通过云可以收集客户相关的信息，但这些信息是没有什么价值的

二、多选题

1．下列关于存储器的叙述中，正确的是（　　）。

A．计算机中的存储器有多种类型，通常存储器的存取速度越快，它的成本就越高

B．主存储器与外存储器相比，速度快，容量小

C．主存储器与缓存构成计算机的内存储器，可以被 CPU 直接访问

D．外存储器可以长久地保存信息，但成本相对内存要高

2．关于计算机系统的工作过程，下列说法中正确的是（　　）。

A．计算机中有一个 ROM，其中保存着一些程序，被称为 BIOS，当机器接通电源后，先读取这些程序并予以执行

B．计算机接通电源后执行的第一个程序就是内存中的操作系统程序

C．计算机接通电源后执行的第一个程序是 ROM 中的程序，主要作用是从磁盘上装载入操作系统

D．没有操作系统，计算机也可以执行程序，但一般用户却没有办法使用

3．下列（　　）是操作系统启动阶段的工作。

A．加载设备驱动程序　　　　　　B．将内存内容写回外存

C．初始化系统环境　　　　　　　D．加载操作系统核心模块

4．现代计算环境是多样化的，下列说法中正确的是（　　）。

A．个人计算环境解决了在操作系统协助下，外存中的程序如何被 CPU 执行的机制问题

B．并行/分布计算环境更加体现出操作系统的价值是：如何在多 CPU 环境、多计算机环境下资源的高效利用问题，其根本是如何将一个程序分解成多个 CPU 或多台计算机可以执行的程序，以及多个程序如何并行/分布地执行问题

C．云计算环境解决了计算机的动态构成问题，即按照用户需要的 CPU 数目、内存容量、外存容量及带宽，用软件模拟出满足该性能的计算机，为用户提供服务

D．拥有多个 CPU 的并行计算环境下，各 CPU 在操作系统的严格控制下依次轮流工作

5．关于磁盘，下列说法中正确的是（　　）。

A．CPU 可以一个存储字一个存储字地读写磁盘

B．磁盘的存储地址由盘面号、柱面（磁道）、扇区三部分组成

C．磁盘的读写包括寻道（将读写磁头定位在所要读写的磁道上）、旋转（将磁盘旋转到所要读写扇区的位置）和传输（读写并传输信息）三个基本动作

D．磁盘是一种可永久保存信息的存储设备

6．下列关于云的说法中，正确的是（　　）。

A．普通人可以将自己的数据如照片、视频等放入云，进而可实现任何时间任何地点、任何人对该数据的访问

B．普通人将自己的数据放在云中，因为他们相信云是安全的、可靠的，而云也确实是安全的、可靠的

C．普通人利用云，也可以建立庞大的数据库，尽管庞大数据库可能需要远远超过个人计算机的存储容量

D．企业可以利用云大数据，分析整理得到有用信息，而对于普通人来说是安全的

7．关于操作系统体现了"分工—合作—协同"的基本思想，下面说法中正确的是（　　）。

A．分工是指独立管理复杂环境中的每个硬件部件（CPU 管理、内存管理、外存管理、设备管理）；合作是指这些分工管理程序之间需要合作以共同完成"执行存放在外存上的应用程序"任务；协同是指各部件管理程序之间的合作是自动地优化进行的

B．"分工—合作—协同"体现了一种观察复杂问题的一种视角，可以使复杂系统变得简单，是解决复杂系统问题的一种重要的思维模式

C．"分工—合作—协同"是先独立管理好每个部件（部分），再考虑如何合作与协同求解一个复杂任务的一种思维模式

D．"分工—合作—协同"基本思想只适用于复杂的计算机系统中，而在微机等简单系统中不适用

三、判断题（正确的画✓，错误的画×）

1. 计算机的发展伴随的是计算机语言的发展，使计算机能实现的功能越来越多、越来越强大。（　　　）

2. 计算机软件是由操作系统和应用软件两大类组成的。（　　　）

3. RAM 是随机访问存储器的缩写，具有非易失性，断电可以长期保存数据。（　　　）

4. ROM 存储器是只读的，一般容量较小，用于存放重要程序或关键数据。（　　　）

5. 计算机外存容量较大，一般采用高速度的半导体存储器；而内存一般容量较小，采用低速度大容量的磁性材料存储器。（　　　）

6. 如果某计算机遭到计算机病毒感染，那么病毒可能破坏了 CD-ROM 中的内容。（　　　）

7. U 盘接入计算机相应接口后能被识别和访问，这是操作系统的管理功能之一。（　　　）

8. BIOS 是磁盘上的重要存储器区域，完成操作系统的通电自启动任务。（　　　）

四、填空题

1. 按照冯·诺依曼思想，运算器、控制器和＿＿＿＿＿＿都属于主机的组成部分。

2. 完整的计算机系统由＿＿＿＿＿＿和软件系统两大部分组成。

3. 磁盘在使用之前都需要＿＿＿＿＿＿，即划分磁盘的各区域、建立文件分配表等。

4. 通过在计算机的硬件上加上一层又一层的软件来组成计算机系统，扩展计算机功能，为用户提供功能显著增强、使用更方便的机器，被称为＿＿＿＿＿＿计算机。

5. 作为计算机接通电源开始执行的第一个程序，基本输入输出系统（BIOS）一般保存在＿＿＿＿＿＿类型的存储器中。

五、简答题

1. 为什么计算机的存储器采用多层次的存储体系结构？

2. 计算机操作系统的功能是什么？

3. 如果操作系统非正常关闭，可能发生什么问题？

4. 简述基本输入/输出系统（BIOS）的构成。

第 7 章

计算机语言

7.1　知识点

一、机器语言、机器语言程序及执行

1．机器语言

指令：由操作码和地址码组成，使用二进制编码表示。例如：

```
操作码        地址码
100001       10 00000111
100010       11 00001010
```

指令系统：CPU 用二进制和编码提供的可以解释并执行的命令的集合。不同的计算机有不同的指令系统。

机器语言：用二进制和编码方式提供的指令系统所编写程序的语言，实际上就是计算机的指令系统。

2．机器语言程序

用指令系统中的指令所编写的程序就是机器语言程序。

例如，计算 7+10 并存储的机器语言程序：

```
操作码        数/地址        地址码
100001       10（数）       00000111    取出数 0000111（7）送到运算器
100010       10（数）       00001010    取出数 0001010（10）与运算器中的数相加
100101       11（地址）      00000110    存储运算器中的数至 0000110（6）号存储单元
111101       00            00000000    停机
```

3．机器语言程序的执行

机器语言程序可以直接被计算机执行，所有非机器语言程序只有转换成机器语言程序才能被机器执行。

4．机器语言的优缺点

优点：可以直接被计算机执行。

缺点：记不住、难理解、编程效率低、不易维护，不同的机器语言程序相互不兼容，属于低级语言。

二、汇编语言、汇编语言程序及执行

1．汇编语言

为了解决机器语言编写程序所存在的困难引入了符号化语言，提供了用助记符编写程序的规范/标准，形成了用助记符号编写程序的语言。例如：

机器指令	操作码	地址码		相应的汇编语言指令
	100001	**10**	**00000111**	**MOV A, 7**

2．汇编语言程序

用汇编语言指令所编写的程序就是汇编语言程序。

例如，计算 7+10 并存储的汇编语言源程序：

```
MOV   A, 7          取出数 7，送入寄存器 A
ADD   A, 10         取出数 10 与寄存器 A 中的数相加，结果送入寄存器 A
MOV   (6), A        将寄存器 A 中的数存入 6 号存储单元
HLT                停机
```

3．汇编语言程序的执行

为了能够在机器上执行汇编语言程序，人们开发了一个翻译程序（被称为汇编程序），实现了将符号程序自动转换成机器语言程序的功能。汇编语言程序的执行过程如图 7-1 所示。

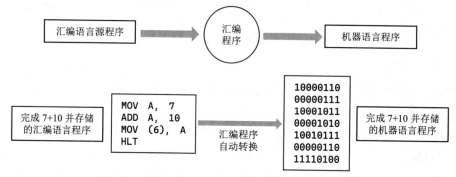

图 7-1　汇编语言程序的执行过程

4．汇编语言的特点

汇编语言的特点：用助记符编写程序，采用十进制数，依赖具体机器，属于低级语言。

三、高级语言与编译器

1．高级语言

机器语言和汇编语言都是面向具体机器的低级语言，人们很难使用，于是出现了类似自然语言的方式，以语句为单位书写程序的规范/标准，形成了类似自然语言的语句编写程序的语言。

2．高级语言程序

用高级语言语句所编写的程序就是高级语言程序。例如，计算 7+10 并存储的高级语言程序语句"result = 7+10;"就是高级语言程序的组成部分。

3．高级语言程序的执行

为了能够在机器上执行高级语言程序，人们开发了一个翻译程序，实现了将高级语言程

序自动翻译成机器语言程序的功能。翻译程序一般有解释程序和编译程序两种。

解释程序直接解释并且执行源语言程序，不产生目标程序（相当于"口译"），其过程如图 7-2 所示。

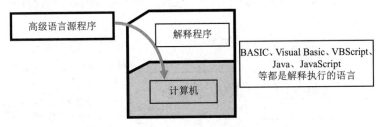

图 7-2　解释程序的执行过程

编译程序把源程序编译为机器语言目标程序后，再由计算机运行（相当于"笔译"），其过程如图 7-3 所示。

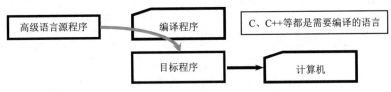

图 7-3　编译程序的执行过程

有的高级语言程序既支持编译执行又支持解释执行，如 Java 语言等。

四、计算机语言发展的基本思维

① 计算机语言促进了计算机处理能力的不断增强。

② 计算机语言的发展如图 7-4 所示，用所提供的积木块（一组程序）构造更大一些的积木块，再用这些积木块构造更大规模的程序……

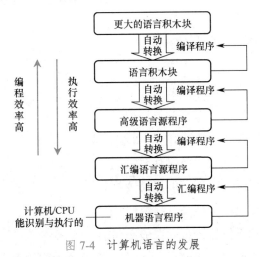

图 7-4　计算机语言的发展

五、不同抽象层级计算机（虚拟机器）

① 复杂问题可通过分层化难为简，得以实现。

② 大的语言积木块经过各级虚拟机的层层转换，最终化为机器语言程序，可以被计算机硬件执行，如图 7-5 所示。

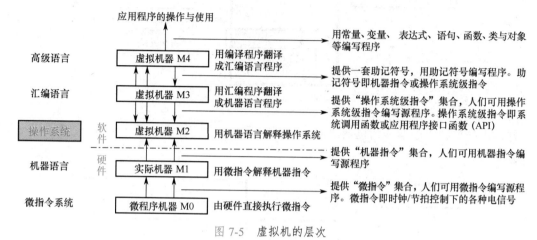

图 7-5　虚拟机的层次

7.2　练习题

一、单选题

1. 程序设计语言分成机器语言、汇编语言和（　　）三大类。

A. 超文本语言 　　　　　　　　　　B. 自然语言

C. 高级语言 　　　　　　　　　　　D. 置标语言

2. 下列叙述中，正确的是（　　）。

A. 计算机能直接识别的语言为汇编语言

B. 机器语言就是汇编语言

C. 用机器语言编写的程序可读性最差

D. 用高级语言编写程序时一般称为目标程序

3. 关于机器语言与高级语言的说法中，正确的是（　　）。

A. 机器语言程序比高级语言程序执行得慢

B. 机器语言程序比高级语言程序可移植性差

C. 机器语言程序比高级语言程序可移植性好

D. 有了高级语言，就无机器语言存在的必要了

4. 高级语言源程序不能直接在计算机上运行，需要由相应的语言处理程序翻译成（　　）程序后，才能运行。

A．C 语言　　　　　　　　　　B．汇编语言

C．机器语言　　　　　　　　　D．中间语言

5. 计算机语言的发展经历了从（　　）的过程。

A．高级语言、汇编语言和机器语言

B．高级语言、机器语言和汇编语言

C．机器语言、高级语言和汇编语言

D．机器语言、汇编语言和高级语言

6. 属于计算机的低级语言的是（　　）。

A．机器语言和高级语言　　　　B．机器语言和汇编语言

C．汇编语言和高级语言　　　　D．高级语言和中间语言

7. 下列关于计算机语言的说法中，正确的是（　　）。

A．高级语言的执行速度比低级语言快

B．高级语言等同于自然语言

C．用机器语言编写的程序是一串"0"或"1"组成的二进制代码

D．计算机可以直接识别和执行用 C++语言编写的源程序

8. 把高级语言编写的源程序转换成机器语言程序的是（　　）。

A．解释程序　　　　　　　　　B．编译程序

C．汇编程序　　　　　　　　　D．翻译程序

9. CPU 唯一能够直接执行的程序是用（　　）编写的。

A．命令语言　　　　　　　　　B．机器语言

C．汇编语言　　　　　　　　　D．高级语言

10. 下列关于指令、指令系统和程序的叙述中，错误的是（　　）。

A．指令是可被 CPU 直接执行的操作命令

B．指令系统是 CPU 能直接执行的所有指令的集合

C．可执行程序是为解决某问题而编制的一个指令序列

D．可执行程序与指令系统没有关系

二、多选题

1. 关于计算机语言，下列说法中正确的是（　　）。

A．所有源程序最后都需被转换为汇编语言程序，机器才能够执行

B．所谓"高级语言"和"低级语言"，是指其与机器硬件的相关程度，不涉及机器硬件的语言为高级语言，而与机器硬件相关的语言则为低级语言

C．低级语言程序执行效率高是因为用低级语言编程时可以充分利用硬件的各种特殊性，而高级语言只能使用硬件的标准结构

D. 高级语言编程效率高是因为其可用大粒度积木块来构造程序，比一行行语句、一条条指令来编程效率高出很多

2．关于不同抽象层面的计算机，下列说法中正确的是（　　　）。

A．实际机器层面之上，不同层次的计算机即各种层次的软件系统

B．实际机器层面之上，不同层次的计算机本质是为用户提供一个计算机语言，用户可用该语言表达具体的操作需求，同时提供一个编译器，将操作需求转换为机器可以执行的程序，最终实现用户的操作需求

C．不同抽象层次的计算机指的是各种抽象层次的硬件系统，只有硬件计算机才能被称为计算机

D．通过在裸机上面加上一层又一层的软件，即控制机器处理不同问题的程序，可有效地扩展机器的功能

3．下列关于计算机软件的说法中，正确的是（　　　）。

A．数学是计算机软件的理论基础

B．高级语言用类似自然语言的方式，以语句和函数为单位书写程序

C．操作系统是计算机必不可少的系统软件

D．所有高级语言程序必须编译生成机器语言程序才能被计算机硬件执行

三、判断题（正确的画✓，错误的画×）

1．复杂问题可通过分离或分层，化繁为简，得以实现。（　　　）

2．相比较而言，高级语言编程效率高，汇编语言编写的程序执行效率高。（　　　）

3．C语言和汇编语言都是高级语言。（　　　）

4．机器语言可理解为用二进制符号书写程序的语言。（　　　）

5．汇编语言可理解为用助记符号和十进制数书写程序的语言。（　　　）

6．高级语言可理解为用人类自然语言编写程序的语言。（　　　）

7．高级语言程序比机器语言程序可移植性好。（　　　）

8．高级语言程序比低级语言程序执行效率高。（　　　）

四、填空题

1．程序的_____是指在某计算机系统上编写的程序，能否挪到其他不同系统上去运行的能力。

2．程序的执行效率（复杂度）是指程序执行过程中所需要的时间、_____等，同样的程序用不同语言编写，可能执行效率不同。

3．_____程序是把源程序翻译成机器语言程序的程序。

4．由于机器语言不便于使用，人们设计了一套用助记符书写程序的规范/标准，被称为

_____语言。

五、简答题

1．简述先后出现的三类计算机语言，并做相应的说明。
2．试说明机器语言、汇编语言和高级语言的特点。

第 8 章

模块化程序设计

8.1 知识点

一、为什么需要程序设计语言

人们用计算机解决问题就存在鸿沟，必须用程序设计语言与计算机进行沟通，如图 8-1 所示。程序设计语言是人和机器之间沟通的语言；类似地，程序设计语言的基础也是一组记号和一组规则。根据规则，由记号构成的记号串的总体就是语言。在程序设计语言中，这些记号串就是程序。

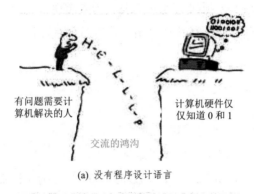

(a) 没有程序设计语言

(b) 有了程序设计语言

图 8-1　程序设计语言的作用

二、模块化程序设计

1.模块化程序设计的思想和方法

模块化的目的是降低程序复杂度，对难以实现的复杂问题进行分割，形成一个个相对独立的部分即模块。模块化使程序设计、调试和维护等操作简单化。函数（过程）不仅可以实现程序的模块化，使得程序设计更加简单和直观，从而提高程序的易读性和可维护性，还可以把程序中经常用到的一些计算或操作编写成通用函数，以供随时调用。

2.模块化程序设计的原则

在结构化程序设计中，模块划分的原则是模块内具有高内聚度、模块间具有低耦合度。结构化程序设计基于以模块功能和处理过程设计为主的详细设计的基本原则。结构化程序设计是过程式程序设计的一个子集，对写入的程序使用逻辑结构，使得理解和修改更有效更容易。

构造程序的基本控制结构有三种：顺序、选择、循环。任何程序都可由这三种基本控制结构构造。结构化程序设计主要强调的是程序的易读性。

3．结构化程序设计的原则

结构化程序设计是使用顺序、选择、循环等有限的基本控制结构表示程序逻辑。

① 选用的控制结构中只允许有一个入口和一个出口。

② 程序语句组成容易识别的块，每块只有一个入口和一个出口。

③ 复杂结构应该用基本控制结构进行组合嵌套来实现。

④ 程序设计语言中没有的控制结构可用一段等价的程序段实现，但要求该段程序在整个系统中应前后一致。

三、模块内部的基本结构

一个模块的具体设计中主要遵循以下流程。

① 数据准备：通过模块参数接口传入或输入。

② 功能的算法实现：由顺序、选择、循环三种基本控制结构实现该模块的算法。

③ 结果的输出：通过模块参数接口传出或输出。

8.2 练习题

一、单选题

1．关于程序设计语言，下列说法中正确的是（　　　）。

A．程序设计语言仅指高级语言

B．程序设计语言是指机器语言和汇编语言

C．与计算机交流可以不用程序设计语言

D．便于人机交流

2．关于模块化程序设计的思想和方法，下列说法中错误的是（　　　）。

A．为了降低程序设计的复杂度

B．不是为了降低程序设计的复杂度

C．模块一般用函数或过程实现

D．调试和维护程序简单化

3．关于模块化程序设计原则的说法中，错误的是（　　　）。

A．模块内具有高内聚度

B．模块间具有低耦合度

C．模块控制结构中只能有一个入口和一个出口

D．模块控制结构中可以有多个入口和多个出口

4．关于模块的具体实现的说法中，错误的是（　　）。

A．模块之间不能相互调用

B．模块内部数据的来源可以通过参数表获得

C．模块内部数据的来源可以通过输入获得

D．模块内通过顺序、选择、循环三种基本控制结构实现该模块的功能

5．关于模块化程序设计中模块划分的原则，下列说法中错误的是（　　）。

A．模块之间耦合度要高

B．将功能相对独立且经常要使用到的一段程序设计成一个模块

C．自顶向下，逐层分解

D．模块之间耦合度要低

第 9 章

算法类问题求解框架

9.1 知识点

一、算法的概念

1．算法

算法是有穷规则的集合，用规则规定了解决某特定类型问题的运算序列，或者规定了任务执行或问题求解的一系列步骤。

算法被誉为计算学科、计算和程序的灵魂。

$$程序 = 算法 + 数据结构$$

简单地说，算法是求解问题的方法和步骤。

2．算法的基本特征

① 有穷性：一个算法在执行有穷步规则后必须结束。

② 确定性：算法的每个步骤必须确切定义，不得有歧义性。

③ 输入：算法可以有零个或多个输入。

④ 输出：算法有一个或多个输出/结果，即与输入有某特定关系的量。

⑤ 能行性：算法中有待执行的运算和操作必须是相当基本的。

3．算法思想的表达

① 自然语言表达。

② 流程图，图表的形式表达。

③ 伪代码表达。

④ 计算机语言表达。

4．算法类问题

算法类问题是由一个算法可以解决的问题，寻找一个算法，以解决同一类型的无穷多个单个问题。

二、算法类问题

1．求两个数的最大公约数

欧几里得算法（辗转相除法）。

输入：正整数 m 和正整数 n。

输出：m 和 n 的最大公约数。

算法：

Step1:	m 除以 n，记余数为 r
Step2:	若 r 不是 0，则将 n 赋给 m，r 赋给 n，返回 Step1
	否则最大公约数是 n，输出 n，算法结束

该算法体现了输入、输出、有穷规则、确定性和能行性等算法的基本特征。

2．哥尼斯堡七桥问题

寻找走遍图 9-1(a) 所示七座桥且只许走过每座桥一次最后回到原出发点的路径。

一般性问题：对给定的任意一个连通图，判定是否可能每条边恰好经过一次的"一笔画问题"，如图 9-1(b) 所示。

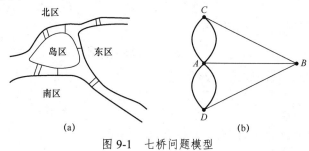

图 9-1　七桥问题模型

结论（欧拉）：若是一个一笔画图形，要么只有两个奇点，也就是仅有起点和终点，这样一笔画成的图形是开放的；要么没有奇点，也就是终点和起点连接起来，这样一笔画成的图形是封闭的。由于七桥问题有四个奇点，因此要找到一条经过七座桥，但每座桥只走一次的路线是不可能的。

输入：n 个顶点的连通图（无向图中任意两个顶点之间都有路径相连）。

输出：

① 从一个顶点出发经过每条边一次最后是否能够回到原出发点。能够实现的条件是与所有的顶点连接的边是偶数，即所有顶点是偶点。

② 放宽要求，从一个顶点（起点）出发经过每条边一次最后从另一个顶点（终点）离开。能够实现的条件是除了与起点和终点连接的边为奇数（奇点），其他顶点都是偶点。

3．梵天塔问题

如图 9-2 所示，有三根柱子，梵天将 64 个直径大小不一的金盘子，按照从大到小的顺序，依次套放在第一根柱子上，形成一座金塔；要求，每次只能移动一个盘子，盘子只能在三根柱子上来回移动不能放在他处，在移动过程中三根柱子上的盘子必须始终保持大盘在下小盘在上，最终将 64 个盘子移到 C 柱上。

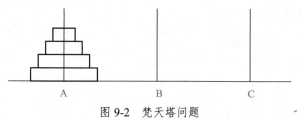

图 9-2　梵天塔问题

输入：A 柱上 64（n）个盘子，B 柱和 C 柱为空。

输出：盘子的移动步骤。

算法：本例采用递归算法，步骤如下。

Step1:	将 A 柱上的前 63（n-1）个盘子从 A 柱经过 C 柱移到 B 柱上
Step2:	将 A 柱上的第 64 个（最后一个）盘子移到 C 柱上
Step3:	将 B 柱上的 63（n-1）个盘子从 B 柱经过 A 柱移到 C 柱上

4．TSP 问题（Traveling Salesman Problem，旅行商问题）

TSP：有若干城市，任何两个城市之间的距离都是确定的，现要求一旅行商从某城市出发，必须经过每个城市且只能在该城市逗留一次，最后回到原出发城市，如何事先确定好一条最短的路线使其旅行的费用最少。

TSP 是最有代表性的组合优化问题之一，在半导体制造（线路规划）、物流运输（路径规划）等行业有着广泛的应用。

图 9-3 为 4 个节点的 TSP 描述。

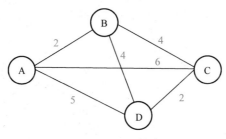

图 9-3　TSP 描述

输入：*n* 个顶点的连通图（从一个顶点出发经过边可以到达其他任何一个顶点）。

输出：起点和终点重合其他顶点（*n*-2 个）只经过一次的一条访问顺序。

算法：

① 遍历算法：列出每条可供选择的路线，计算出每条路线的总距离，最后从中选出一条最短的路线。

② 贪心算法：每次在选择下一个城市的时候，只考虑当前情况，保证迄今为止经过的路径总距离最短。

三、算法类问题求解框架

下面以 TSP 为例讨论算法类问题求解框架。

1．问题抽象及数学建模

建立数学模型是一种数学的思考方法，是运用数学的语言和方法，通过抽象和简化建立对问题进行精确描述和定义的数学模型。简单而言，数学建模就是用数学语言描述实际现象的过程，即建立数学模型的过程。

数学模型就是对实际问题的一种数学表述，是关于部分现实世界的一个抽象的简化的数学结构。将现实世界的问题抽象成数学模型，就可能发现问题的本质及其能否求解，甚至找到求解该问题的方法和算法。

输入：n 个城市，记为 $V = \{v_1, v_2, \cdots, v_n\}$，任意两个城市 $v_i, v_j \in V$ 之间的距离为 d_{ij}。

输出：所有城市的一个访问顺序 $T = \{t_1, t_2, \cdots, t_n\}$，其中 $t_i \in T$，$t_{n+1} = t_1$，使得 $\sum\limits_{i=1}^{n} d_{t_i t_{i+1}}$ 最小。

问题求解的基本思想：在所有可能的访问顺序 T 构成的状态空间 Ω 上搜索，得到 $\sum\limits_{i=1}^{n} d_{t_i t_{i+1}}$ 最小的一个访问顺序 T_{opt}。

2．算法策略设计

算法策略设计是指设计具体的求解策略。TSP 的基本求解策略如下。

（1）遍历算法

列出每条可供选择的路线，计算出每条路线总距离，从中选出一条最短的路线。

出现的问题是组合爆炸，设城市数为 n，则路径组合数为 $(n-1)!$。图 9-4 描述了 4 个节点的路径遍历示例。

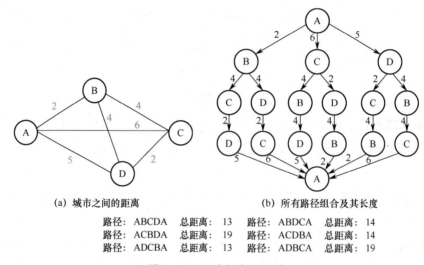

(a) 城市之间的距离　　　　　　(b) 所有路径组合及其长度

路径：ABCDA	总距离：	13	路径：ABDCA	总距离：	14
路径：ACBDA	总距离：	19	路径：ACDBA	总距离：	14
路径：ADCBA	总距离：	13	路径：ADBCA	总距离：	19

图 9-4　TSP 路径遍历示例

如果是 20 个城市，那么遍历总数为 1.216×10^{17}，假设计算机以每秒检索 1000 万条路线的速度计算，则需要 386 年。

德国 15112 个城市的 TSP 在 2001 年被解决，使用了美国莱斯大学和普林斯顿大学之间互连的、速度为 500 MHz 的 Compaq EV6 Alpha 处理器组成的 110 台计算机，所有计算机花费的时间之和为 22.6 年。

TSP 的难解性：随着城市数量的上升，其"遍历"方法计算量剧增，计算资源将难以承受。

（2）贪心算法

遍历算法是最容易想到的算法，也是可以获得最优解的算法，然而可能无法在可接受的时间内获得最优解，因为存在随规模而产生的组合爆炸问题。

那么，有没有其他求解策略呢？获得最优解代价大，能否退而求其次：在可接受的时间内获得足够好的可行解呢？贪心算法就是一种求解 TSP 可行解的方法。

贪心算法的基本思想：① "今朝有酒今朝醉"；② 一定要做当前情况下的最好选择，否则将来可能后悔，故名"贪心"。

TSP 的贪心算法求解思想为：① 从某城市开始出发，每次选择下一个城市，直到所有城市都被走完；② 每次在选择下一个城市的时候，只考虑当前情况，保证迄今为止经过的路径总距离最短。

图 9-5 为 TSP 的贪心算法示例。

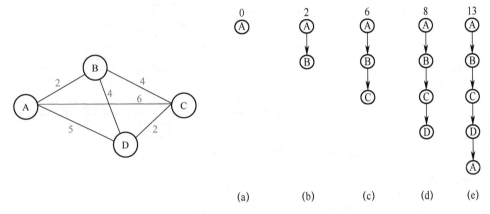

图 9-5　TSP 的贪心算法示例

3．算法的数据结构设计

算法的数据结构设计是指，将数学模型转换为可由计算机自动计算的算法，算法实现要设计数据的逻辑结构、物理结构和对数据的操作。

针对选定的算法策略，设计其相应的数据结构及其运算规则。不同的算法可能有不同的数据结构及其运算规则。

TSP 的数据结构（逻辑结构）设计：

城市映射为编号：　　　　A—1，B—2，C—3，D—4。

访问路径/解：　　　　　一维数组 S，S[i]表示经过（访问）的城市 i。

城市间距离关系：　　　二维数组 D，D[i][j]存储城市 i 与 j 之间的距离。

4．算法思想的表达

算法思想的表达是指，采用算法思想的表达方式详细描述算法思想，一般采用流程图的方式。

例如，求解 TSP 的贪心算法思想的流程图如图 9-6 所示。

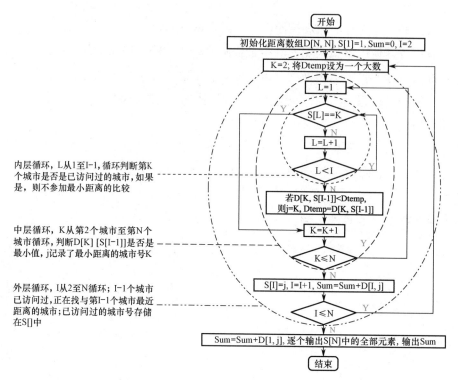

图 9-6 求解 TSP 的贪心算法思想的流程图

内层循环,L从1至I-1,循环判断第K个城市是否是已访问过的城市,如果是,则不参加最小距离的比较

中层循环,K从第2个城市至第N个城市循环,判断D[K] [S[I-1]]是否是最小值,j记录了最小距离的城市号K

外层循环,I从2至N循环;I-1个城市已访问过,正在找与第I-1个城市最近距离的城市;已访问过的城市号存储在S[]中

5.算法的程序实现

算法的程序实现是指,用程序设计语言编写算法实现的程序。

例如,求解 TSP 的贪心算法的 C++代码如下。

```cpp
#include <iostream.h>
#define     N    4

void main()
{
    int  d[N][N] = {{0,2,6,5}, {2,0,4,4}, {6,4,0,2}, {5,4,2,0}},
    int  s[N], sum, i, j, k, l, dtemp, found;
    s[0] = 0;
    sum = 0;
    i = 1;
    while (i < N)
    {
        k = 1;
        dtemp = 10000;
        while (k < N)
        {
            l = 0;
            found = 0;

            while (l < i)
            {
```

```
                    if (s[l] == k)
                    {
                        found = 1;
                        break;
                    }
                    else
                        l++;
                }
                if (found == 0 && d[k][s[i-1]] < dtemp)
                {
                    j = k;
                    dtemp = d[k][s[i-1]];
                }
                k++;
            }
            s[i] = j;
            i++;
            sum += dtemp;
        }
        sum += d[0][j];
        for (j = 0;j < N; j++)
            cout << s[j]+1 << '\t';
    cout << endl;
    cout << "总长度 : " << sum << '\n';
}
```

6. 算法的模拟与分析

算法的模拟与分析是指，分析算法的正确性，判断能行性。

① 算法的正确性问题：问题求解的过程、方法、算法是正确的吗？算法的输出是问题的一个解吗？

② 算法的效果评价：算法的输出是最优解还是可行解？如果是可行解，与最优解的偏差多大？评价方法有如下两种。

❖ 证明方法：利用数学方法证明算法的正确性和算法的效果。

❖ 模拟/仿真分析方法：产生或选取大量的、具有代表性的问题实例，利用该算法对这些问题实例进行求解，对算法产生的结果进行统计分析。

例如，TSP 的贪心算法的模拟与分析如下。

（1）TSP 的贪心算法的正确性评价

直观上只需检查算法的输出结果中，每个城市出现且仅出现一次，该结果即是 TSP 问题的可行解，说明算法正确地求解了这些问题实例。

（2）TSP 问题贪心算法的效果评价

如果实例的最优解已知（问题规模小或问题已被成功求解），利用统计方法对若干问题实例的算法结果与最优解进行对比分析，即可对其进行效果评价。

对于较大规模的问题实例，其最优解往往是未知的，因此，算法的效果评价只能借助与前人算法结果的比较。

7．算法的复杂度

算法的复杂度是指算法的复杂程度，难度级别。

① 算法是能够执行的吗？算法的复杂度分析。

② 算法的效率：时间效率和空间效率。

③ 算法的时间复杂度：如果一个问题的规模是 n，解该问题的某算法所需的时间为 $T(n)$，它是 n 的一个函数，那么 $T(n)$ 称为该算法的"时间复杂度"。

时间复杂度通常记作"O"，表示量级（Order），允许使用"＝"代替"≈"。例如，$n^2 + n + 1 = O(n^2)$。

④ 算法的空间复杂度：算法在执行过程中所占存储空间的大小，用 $S(n)$ 表示。

9.2　练习题

一、单选题

1．关于算法的特性，下列说法中不正确的是（　　）。

A．算法必须有明确的结束条件，即算法应该能够结束，此即算法的有穷性

B．算法的步骤必须要确切地定义，不能有歧义性，此即算法的确定性

C．算法可以有零个或多个输入，也可以有零个或多个输出，此即算法的输入输出性

D．算法中有待执行的运算和操作必须是相当基本的，可以由机器自动完成，进一步，算法应能在有限时间内完成，此即算法的能行性。

2．关于算法的命题，下列说法中不正确的是（　　）。

A．算法规定了任务执行/问题求解的一系列、有限的步骤

B．算法规定的计算/处理步骤是有限的，但算法实际执行的计算/处理步骤可以是无限的

C．算法可以没有输入，但必须有输出

D．算法的每个步骤必须确切地定义且其运算和操作必须相当基本，可由机器自动完成

3．关于算法与程序、计算机语言之间的关系，下列说法中不正确的是（　　）。

A．算法是解决问题的步骤，某问题可能有多个求解算法

B．算法不能直接由计算机执行，必须将其转换为程序后才能够由计算机执行

C．算法只能由高级（计算机）语言实现，不能通过机器语言实现

D．求解问题的多个算法不一定获得相同的解

4．算法是计算系统的灵魂。下列说法中不正确的是（　　）。

A．计算系统是执行程序的系统，而程序是用计算机语言表达的算法

B. 一个问题的求解可以通过构造算法来解决，"是否会编程序"本质上是"能否想出求解该问题的算法"

C. 一个算法不仅可以解决一个具体问题，还可以在变换输入输出的情况下求解一个问题系列

D. 问题求解可以归结到算法的构造与设计，系统与算法的关系是：算法是龙，而系统是睛，画龙要点睛

5. 关于算法，下列说法中正确的是（   ）。

A. 任何问题都可以用算法来求解

B. 任何数学问题都可以用算法来求解

C. 算法得到的结果一定是准确无误的

D. 算法能解决的问题只占人类面临问题的很少一部分

6. 关于算法确定性，下列说法中正确的是（   ）。

A. 算法得到的结果一定是准确无误、没有误差的

B. 算法运行的步骤都是事先确定、没有任何不确定性的

C. 算法的步骤必须有明确的定义，不能有歧义性

D. 算法只能解决确定的问题，无法解决随机和近似的问题

7. 关于算法，下列说法中正确的是（   ）。

A. 算法是解决问题的方法和步骤

B. 有的算法因为运行时间太长，难以在较短的时间内得到结果，这不能称为算法

C. 算法是指在计算机上运行的程序

D. 算法只能采用计算机语言来描述

8. 关于算法，下列说法中不正确的是（   ）。

A. 计算机算法能解决的问题都可以利用图灵机解决

B. 一个问题的求解算法的运行时间是固定不变的，无论采用什么算法

C. 算法+数据结构=程序

D. 算法可以采用计算机语言、自然语言或流程图等来描述

9. 哥尼斯堡七桥问题的路径（   ）。

A. 一定能够找到　　　　　　　　B. 一定不能找到

C. 不确定能不能找到　　　　　　D. 上述都不正确

10. 如图 9-7 所示：

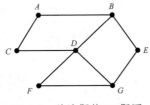

图 9-7　单选题第 10 题图

通过增加（　　）边，能找到经过每条边，且每条边仅经过一次、最后回到原出发点的路径。

　　A. *BG* 边　　　　　　　　　　　　B. *AG* 边

　　C. *CG* 边　　　　　　　　　　　　D. *AD* 边

11. 对河流隔开的 m 块陆地上建造的 n 座桥梁，若要找到走遍这 n 座桥且只许走过每座桥一次的路径，则需满足以下条件（　　）。

　　A. m 个顶点 n 条边的图应是连通的，即由一个顶点出发可沿边到达任何一个其他顶点

　　B. 每个顶点的度应为偶数

　　C. 需要同时满足 A 和 B

　　D. 不满足上述条件 A、B、C 的图也有可能找出满足题目规定要求的路径

12. 对于图 9-8，能否找到走遍每座桥且每座桥仅走过一次的路径呢？（　　）

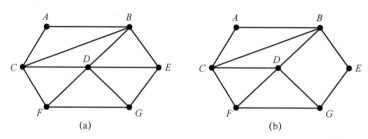

图 9-8　单选题第 12 题图

　　A. 图(a)和图(b)都一定找不到

　　B. 图(a)一定能够找到，图(b)一定找不到

　　C. 图(a)一定找不到，图(b)一定能够找到

　　D. 图(a)和图(b)都一定能够找到

13. 对于图 9-9，不能实现一笔画的是（　　）。

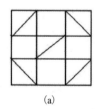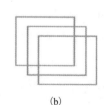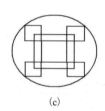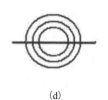

图 9-9　单选题第 13 题图

　　A. 图(a)和图(e)　　　　　　　　　　B. 图(b)和图(e)

　　C. 图(c)和图(d)　　　　　　　　　　D. 图(e)

14. 某游艺宫的平面图如图 9-10 所示，它由五个厅组成，每两厅之间有门相通，整个游艺宫有一个入口和一个出口。是否有一条游玩路线，从入口进，从出口出，一次不重复地通过每个门，下列说法中正确的是（　　）。

　　A. 一定能够找到　　　　　　　　　　B. 一定找不到

　　C. 不确定能不能找到　　　　　　　　D. 上述都不正确

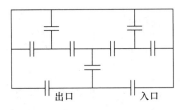

图 9-10 单选题第 14 题图

15. 哥尼斯堡七桥问题，推而广之就是 m 个顶点 n 条边的图的"一笔画"问题，如果 m 个定点的度均为偶数，那么如下结论中正确的是（　　）。

A. 一定可以一笔画出

B. 从任意一个点开始画，都可以画出

C. 一定可以一笔画出，而且在画的过程中，m 个点中有的点重复经过了很多次

D. 如果图不是连通的，就画不出来

16. 关于 TSP 的遍历算法和贪心算法，下列说法中正确的是（　　）。

A. 对 TSP 而言，遍历算法和贪心算法求得的解一样，不同的是贪心算法更快，而遍历算法更慢

B. 对 TSP 而言，遍历算法和贪心算法求得的解一样，不同的是遍历算法更快，而贪心算法更慢

C. 对 TSP 而言，遍历算法和贪心算法求得的解不一样，贪心算法是求近似解，执行更快一些，而遍历算法是求精确解，执行更慢

D. 对 TSP 而言，遍历算法和贪心算法求得的解不一样，贪心算法是求精确解，执行更快，而遍历算法是求近似解，执行更慢

17. 关于 TSP，下列说法中不正确的是（　　）。

A. TSP 的一个可能解就是 n 个城市的一个组合 $<t_1, t_2, \cdots, t_n>$，其中任何两个 t_i、t_j 对应不同的城市。若要求最优解，则必须对所有组合即所有可能解进行比较

B. TSP 的难点是当 n 值很大时，组合数目非常庞大（组合数目为 $n!$），以致计算机不能在有限时间内完成所有的组合

C. TSP 的难点是当 n 值很大时，组合数目非常庞大（组合数目为 $n!$），但是计算机仍然能够在有限时间内完成所有的组合

D. 上述思想（对所有组合进行比较）即遍历算法策略，只对 n 值很小的 TSP 可行

18. 关于 TSP 的贪心算法的求解思想，下列说法中不正确的是（　　）。

A. 不需对所有组合（所有可能解）进行比较，而仅需依照某种办法确定其中的一个组合即可，该组合不一定是最优解，却是一个较优解或次优解

B. 在确定一个组合 $<t_1, t_2, \cdots, t_n>$ 时，t_{k+1} 是与 t_k 相连接的城市中与 t_k 距离最短的城市，即 t_{k+1} 是由 t_k 确定的与 t_k 连接的若干城市中特性最优的城市

C. 贪心算法确定的路径，是由局部最优（t_{k+1} 在 t_k 看来是最优的）组合起来的路径，该

路径从全局角度也一定是最优的

D. 对具体的 TSP，每次执行贪心算法，求得的最终解可能是不同的

19. 关于 TSP 的四个数学抽象如下。

数学抽象 I：城市记为 $V=\{v_1,v_2,\cdots,v_n\}$，任意两个城市 $v_i,v_j\in V$ 之间的距离记为 d_{ij}，问题的解是寻找所有城市的一个访问顺序 $T=\{t_1,t_2,\cdots,t_n\}$，其中 $t_i\in T$，使得 $\sum_{i=1}^{n}d_{t_it_{i+1}}$ 最小。假定除了 $t_{n+1}=t_1$，$t_i\neq t_j$（$i\neq j$）。

数学抽象 II：电路元件记为 $V=\{v_1,v_2,\cdots,v_n\}$，任意两个元件 $v_i,v_j\in V$ 之间的距离记为 d_{ij}，问题的解是寻找所有元件之间的一个访问顺序 $T=\{t_1,t_2,\cdots,t_n\}$，其中 $t_i\in T$，使得 $\sum_{i=1}^{n}d_{t_it_{i+1}}$ 最小。假定除了 $t_{n+1}=t_1$，$t_i\neq t_j$（$i\neq j$）。

数学抽象 III：图的结点记为 $V=\{v_1,v_2,\cdots,v_n\}$，任意两个结点 $v_i,v_j\in V$ 的边的权值记为 d_{ij}，问题的解是寻找所有结点之间的一个访问顺序 $T=\{t_1,t_2,\cdots,t_n\}$，其中 $t_i\in T$，使得 $\sum_{i=1}^{n}d_{t_it_{i+1}}$ 最小。假定除了 $t_{n+1}=t_1$，$t_i\neq t_j$（$i\neq j$）。

数学抽象 IV：图的结点记为 $N=\{1,2,\cdots,n\}$，任意两个结点 i、j 的边的权值记为 d_{ij}，问题的解是寻找所有结点之间的一个访问顺序 $T=\{t_1,t_2,\cdots,t_n\}$，其中 $t_i\in T$，使得 $\sum_{i=1}^{n}d_{t_it_{i+1}}$ 最小。假定除了 $t_{n+1}=t_1$，$t_i\neq t_j$（$i\neq j$）。

那么，下列说法中正确的是（   ）。

A. 只有数学抽象 I 是 TSP 问题，数学抽象 II、III 和 IV 不是

B. 数学抽象 I 和 III 可以被认为是 TSP 问题，数学抽象 II 和 IV 不是

C. 数学抽象 I、II、III 和 IV 都可以被认为是 TSP

D. 上述说法都不正确。

20. 关于 TSP 求解，下列说法中不正确的是（   ）。

A. TSP 的一个解就是一条路径，是 n 个城市的一个排列 $<t_1,t_2,\cdots,t_n>$，其中任何两个 t_i、t_j 对应不同的城市，distacne(t_i,t_j) 为这两个城市之间的距离，则路径长度是：distacne(t_1,t_2)+distacne(t_2,t_3)+$\cdots$.+ distacne(t_{n-1},t_n)+distacne(t_n,t_1)

B. 求解时可以采用罗列全排列的方法，逐个计算每个排列的路径长度，最后求解路径长度最小的一个，这个全排列有 $n!$ 个

C. 虽然 $n!$ 这个数比较大，但是 $n!<2^n$

D. 按照 B 的结论，随着城市数目的增长，该方法仅对 n 值很小的 TSP 可能

21. 下列关于可应用求解 TSP 的算法的说法中，最正确的是（   ）。

A. n 台不同的机器同时加工 n 个不同的零件，不同机器加工不同零件的时间通常各不相同，那么如何安排加工顺序，使得加工速度最快

B. 物流公司的送货司机，将货物送到每个快递收发点并返回

C. n 台不同的机器同时加工 n 个不同零件，每台机器可以加工不同零件，不同机器加工不同零件的加工费用通常各不相同，那么如何安排加工顺序，使得加工费用最小

D. 上述 A、B、C 都可以

22. 对于图 9-11，选项正确的为（　　）。

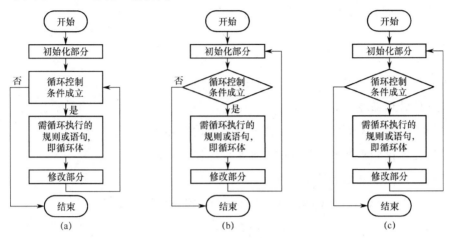

图 9-11　单选题第 22 题图

A. 流程图(a)无错误

B. 流程图(b)无错误

C. 流程图(c)无错误

D. 三个流程图都有错误

23. 阅读下列算法，回答：

```
Start of the algorithm（算法开始）
(1) 输入 N 的值
(2) 设 i 的值为 1
(3) 若 i <= N，则执行第(4)步，否则转到第(7)步
(4) 计算 sum + i，并将结果赋给 sum
(5) 计算 i + 1，并将结果赋给 i
(6) 返回到第(3)步，继续执行
(7) 输出 sum 的结果
End of the algorithm（算法结束）
```

上述算法（　　）。

A. 能够正确地计算 sum=1+2+3+4+⋯+N

B. 不能正确地计算 sum=1+2+3+4+⋯+N，原因是未画出算法的流程图

C. 不能正确地计算 sum=1+2+3+4+⋯+N，原因是未编写出实现算法的程序

D. 不能正确地计算 sum=1+2+3+4+⋯+N，原因是未将变量 sum 初始化为 0

24. 阅读下列算法：

```
Start of the algorithm（算法开始）
(1) N=10
(2) i=2    sum=2
(3) 若 i<=N，则执行第(4)步，否则转到第(8)步执行
(4) 若 i mod 2 == 0，则转到第(6)步执行    // 若 i 除以 2 的余数等于 0，则转到第(6)步执行
```

```
(5)  sum = sum + i
(6)  i = i+1
(7)  返回到第(3)步，继续执行
(8)  输出 sum 的结果
End of the algorithm（算法结束）
```

那么，算法执行的结果为（　　）。

A．24　　　　　　　　　　　　B．26

C．55　　　　　　　　　　　　D．45

25．关于进行系统建模的原因，下列描述中错误的是（　　）。

A．现代软件日益庞大和复杂

B．系统的应用环境变化迅速，要求软件系统适应环境的迅速变化

C．建模允许我们通过一种分治的方法来处理复杂问题

D．建模能迅速验证系统的正确性

26．关于 UML（Unified Modeling Language），错误的描述是（　　）。

A．UML 是一种绘制软件蓝图的标准语言

B．UML 是编程语言

C．UML 已成为系统建模的事实标准

D．UML 的应用领域已扩大到嵌入式系统、业务建模、流程建模等领域

二、多选题

1．对河流隔开的 m 块陆地上建造的 n 座桥梁，能否找到走遍这 n 座桥且只允许走过每座桥一次最后回到原出发点的路径，下列说法中错误的是（　　）。

A．一定能够找到

B．一定不能找到

C．不确定能不能找到

D．取决于与 m 块陆地连接桥梁的度数

2．对河流隔开的 m 块陆地上建造的 n 座桥梁，若要找到走遍这 n 座桥且只允许走过每座桥一次最后又回到原出发点的路径，则需满足以下条件（　　）。

A．m 个顶点 n 条边的图应是连通的，即从一个顶点出发沿边可到达任何一个其他顶点

B．可以有两个顶点的度为奇数，其他顶点的度都为偶数

C．每个顶点的度应为偶数

D．度为奇数的顶点为偶数个

3．对于图 9-12，能否找到经过每条边且每条边仅经过一次、最后回到原出发点的路径，下列说法中正确的是（　　）。

A．一定能够找到

B．加一条合适的边一定可以找到

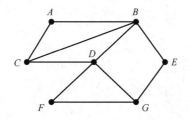

图 9-12 多选题第 3 题图

C．不确定能不能找到

D．加多条合适的边也可以找到

4．对河流隔开的 m 块陆地上建造的 n 座桥梁，若要找到走遍这 n 座桥且只许走过每座桥一次的路径，则需满足以下条件（　　）。

A．m 个顶点 n 条边的图应是连通的，即由一个顶点出发沿边可到达任何一个其他顶点

B．每个顶点的度为偶数

C．有两个顶点的度为奇数而其他顶点的度均为偶数

D．同时满足条件 A 和 B

5．对于图 9-13，下列说法中错误的是（　　）。

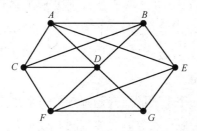

图 9-13　多选题第 5 题图

A．对 $\{A, B, C, D, E, F, G\}$ 中的任意两个顶点 X 和 Y，都可以找到一条路径，从 X 出发经过每条边且每条边仅经过一次，最后终止于 Y

B．对两个顶点 A 和 B，可以找到一条路径，从 A 出发经过每条边且每条边仅经过一次，最后终止于 B

C．不存在"一笔画"的路径

D．存在"一笔画"的路径

6．哥尼斯堡七桥问题给我们的启示是（　　）。

A．一个具体问题的求解应该进行数学抽象，基于数学抽象进行问题求解

B．一个具体问题的求解进行数学建模后，通过模型中的性质分析可以判断该问题是否有解，若有解，则可以进行计算，否则不需进行计算

C．一个具体问题的求解进行数学建模后，可反映出一类问题的求解方法，如哥尼斯堡七桥问题的求解方法，建立"图"后，可反映任意 n 座桥的求解方法

D．一个具体问题的求解，不进行数学建模也可以顺利求解

7. 对于图 9-14，可实现一笔画的是（　　）。

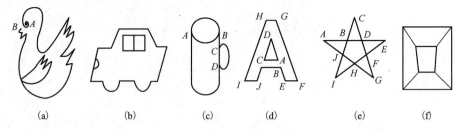

图 9-14　多选题第 7 题图

A．图 (a)
B．图 (a) 和图 (c)

C．图 (e)
D．图 (e) 和图 (f)

8. 哥尼斯堡七桥问题，推而广之就是 m 个顶点 n 条边的图的"一笔画"问题。假设图是连通的，如果 m 个定点的度不全为偶数，那么如下结论中正确的是（　　）。

A．有可能画出来

B．度是奇数的顶点个数只能是奇数个

C．设奇数的顶点个数是 $2k$（k 为正整数）个，则需要画 $2k$ 次才能全部画完

D．设奇数的点个数是 $2k$（k 为正整数）个，则需要画 k 次才能全部画完

9. 哥尼斯堡七桥问题，推而广之就是 m 个顶点 n 条边的图的"一笔画"问题。假设图是连通的，如果有 2 个点的度数为奇数，那么如下结论中正确的是（　　）。

A．一定能"一笔画"画出

B．如果能画出，必须从一个奇数的点开始画到另一个奇数的点结束

C．在画的过程中，无论按照什么笔画顺序画都可以画完

D．在画的过程中，必须按照一定的顺序画才可以画完

10. 对于可应用求解 TSP 的算法的问题中，正确的是（　　）。

A．电路板上钻孔调度即线路规划问题

B．梵天塔问题或者说汉诺塔问题

C．走过每座桥且仅走过一次即图的遍历问题

D．物流运输即路径规划问题

11. 如图 9-15 所示流程图中存在错误，下列说法中正确的是（　　）。

A．条件判断框不应为矩形，而应为菱形或六角形

B．条件判断框中引出的箭头应标记 Yes（是）或 No（否），表明条件满足或不满足时的程序走向

C．只包含错误 A 和 B

D．除了 A 和 B 错误外，还包括其他错误

12. 算法类问题求解首先要进行数学建模，即用数学语言对问题进行抽象。下列说法中正确的是（　　）。

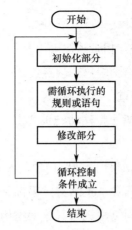

图 9-15 多选题第 11 题图

A. 一个问题，进行数学建模后，可以通过模型的一些性质的分析判断该问题是否有解；在有解的情况下，再设计算法进行求解，否则可能做的是无用功

B. 一个问题，进行数学建模后，可以依据数学求解方法设计出让计算机求解的算法

C. 一个问题，建立数学建模后，可能有多种求解方法

D. 一个问题，进行数学建模后，可直接让计算机求解

13. 对于算法类问题求解，下列说法中不正确的是（　　）。

A. 一般而言，算法类问题求解包括数学建模、算法策略设计、算法的数据结构与控制结构设计三个基本步骤

B. 一般而言，算法类问题求解包括数学建模、算法策略设计、算法的数据结构与控制结构设计、算法的正确性与复杂性分析四个基本步骤

C. 一般而言，算法类问题求解包括数学建模、算法策略设计、算法的数据结构与控制结构设计、算法的程序实现、算法的正确性与复杂性分析五个基本步骤

D. 一般而言，算法类问题求解包括数学建模、算法策略设计、算法的程序实现、算法的正确性与复杂性分析

14. 某算法的时间复杂度为 $O(n^2)$，表明该算法的（　　）。

A. 问题规模是 n^2　　　　　　　　　B. 执行时间是 n^2 量级

C. 执行时间与 n^2 成正比　　　　　　D. 问题规模与 n^2 成正比

三、判断题（正确的画√，错误的画×）

1. 算法是一个有穷规则的集合，是求解问题的方法和步骤。（　　）

2. 程序=算法+数据结构，算法是程序的灵魂。（　　）

3. 算法的"输入"和"输出"可以是零个或多个。（　　）

4. 算法的"能行性"是指算法中有待执行的运算和操作必须是相当基本的。（　　）

5. 算法思想只能用流程图或计算机语言表达。（　　）

6．由一个算法可以解决的问题属于算法类问题。（　　　）

7．求最大公约数的辗转相除法与相减法原理上是一致的。（　　　）

8．"哥尼斯堡七桥"问题是讨论图中每个顶点经过一次且仅经过一次的问题。（　　　）

9．TSP 仅讨论图中每条边仅经过一次的问题。（　　　）

10．"梵天塔"问题中，由于"盘子"移动的步数太多，违反了算法"有穷性"基本特征。
（　　　）

11．数学建模就是用数学语言描述实际问题现象的过程，即建立数学模型的过程。（　　　）

12．求解同一个问题采用的不同算法策略其结果都是一样的。（　　　）

13．求解同一个问题采用的不同算法策略其数据结构及其运算规则可能不同。（　　　）

14．同一个算法可以用不同的计算机语言实现。（　　　）

15．算法的模拟与分析讨论的是算法的"正确性"和"能行性"。（　　　）

16．算法的复杂度指的是算法的时间复杂度。（　　　）

四、填空题

1．问题求解的有穷规则的集合，规则规定了解决某特定类型问题的运算序列，或者规定了任务或问题求解的一系列步骤，称为_____。

2．算法的基本特征包括有穷性、_____、输入、输出和能行性。

3．算法思想的表达可以是_____、流程图、伪代码或计算机语言。

4．一个算法就可以解决的同一类型问题称为_____问题。

5．若一个连通图不存在从一个节点出发经过每条边一次且仅一次的路径，即"一笔画"问题，其原因是度为奇数的节点数超过了_____个。

6．若一个连通图能实现从任何一个节点出发经过每条边一次且仅一次最后回到原出发节点的路径，必须满足所有节点的度都是_____。

7．"梵天塔"问题的算法策略选择考虑到编程比较容易应选择_____算法。

8．TSP 是最具代表性的_____问题之一，在半导体制作（线路规划）、物流运输（路径规划）等行业有着广泛的应用。

9．运用数学的语言和方法，通过抽象和简化，对问题进行精确描述和定义，称为建立问题_____的过程。

10．TSP 遍历策略，列出每条可供选择的路线，计算出每条路线总里程，最后从中选出一条最短的路线。出现的问题是"组合爆炸"，设城市数目为 N，则路径组合数目为_____。

11．TSP 遍历策略可以获得最优解，但代价大；而贪心策略在可接受的时间内能获得足够好的_____解。

12．流程图是描述算法思想的有效方法，流程图中除了起止框和流程线，还有五种框，包括处理框、输入框、输出框、选择框和_____。

13．编写程序的过程称为_____。

五、简答题

1．算法的基本特征。

2．算法类问题的求解过程及思维方法（算法类问题的求解框架）。

3．TSP 的贪心算法的求解思想。

第 10 章

受限资源约束下的排序算法

10.1　知识点

一、查找问题基本算法思想

1．顺序查找

顺序查找是指，对于规模为 n 个的无序记录，从第一个记录开始，顺序查找到最后一个记录，平均要查找一半的记录（$n/2$）。

2．折半查找

假设规模为 n 的有序记录按升序排列，将表中间位置记录的关键字与查找关键字比较，若两者相等，则查找成功；否则，利用中间位置记录，将表分成前、后两个子表，若中间位置记录的关键字大于查找关键字，则查找前一个子表，否则查找后一个子表。重复以上过程，直到找到满足条件的记录，使查找成功，或直到子表不存在为止，此时查找不成功。

折半查找算法的优点是比较次数少，查找速度快，平均性能好，占用系统内存较少；缺点是要求待查表为有序表，且插入删除困难。因此，折半查找算法适用于不经常变动而查找频繁的有序表。

每次查找时，操作元素的剩余个数分别为 $n, n/2, n/4, \cdots, n/2^k$，其中 k 是循环的次数，由于 $n/2^k \geqslant 1$，令 $n/2^k = 1$，可得 $k = \log_2 n$，所以折半查找算法的时间复杂度为 $O(\log_2 n)$。

二、排序问题基本算法思想

1．结构化数据表的查找与统计需要排序。

未按"关键字"排序的数据查找需要检索整个数据表记录才能得到查找结果，平均需要访问一半的记录。已按"关键字"排序的数据查找，则仅需访问一半甚至更少的记录，便可得到查找结果。

当数据表的记录数非常庞大时，数据排序是节省时间提高查找效率的有效手段。

① 内排序问题：待排序的数据可一次性装入内存，即可以完整地看到和操纵所有数据，使用数组或其他数据结构便可进行统一的排序处理的排序问题。

② 外排序问题：待排序的数据保存在磁盘上，不能一次性装入内存，即不能一次完整地看到和操纵所有数据，需要将数据分批装入内存分批处理的排序问题。

2．非结构化数据或文档的查找与搜索也需要排序

（1）对于图书或网上大量的文献/文档

① 如何快速地查找一份文档？

② 如何确定文档中是否包含给定的一个或多个"关键词"？

③ 哪些词汇是文档的"关键词"？

④ 当用户输入一个"关键词"查询时，是否要扫描大量的文档？

（2）倒排索引文件的技术

① 对一份文档，去掉标点符号和一些辅助词汇，将所有出现的单词无重复地按照出现的频次由多到少地排列。

② 将频次排序在前面的若干词汇或者频次超过一定阈值的若干词汇作为文档"关键词"。

③ 对所有文档建立一个"索引表"（类似图书后的索引表），通常称为倒排索引文件。

三、基本排序算法

1．内排序问题：数据能够全部装入内存

内排序是指，待排序的数据可一次性装入内存，即排序者可以完整地看到和操纵所有数据，使用数组或其他数据结构便可进行统一的排序处理的排序问题

① 插入排序基本思想（升序）：类似打扑克牌，一边抓牌、一边理牌的过程，每抓一张牌，就把它插入适当的位置，牌抓完了，也就理完了；从未排序序列中依次取出元素，与已排序序列（初始为空）中的元素进行比较，将其放入已排序序列的正确位置。

插入排序（升序后插算法）示意如图 10-1 所示。其中，三角形左侧为已排序好的元素，右侧为未排序的元素，实心三角形所处位置为待插入元素，图中示意了待插入元素 19 腾挪空间的过程，由箭头示意，空心三角形位置表示新插入的元素。

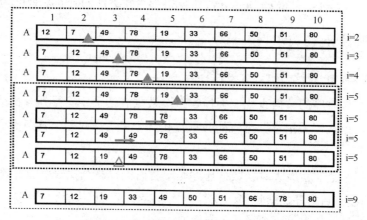

图 10-1　插入排序（升序后插算法）示意

② 选择排序（升序）基本思想：一个轮次一个轮次地进行选择处理，先在所有数组元素中找出最小值的元素，交换到 A[1] 中；接着在不包含 A[1] 的余下的数组元素中找出最小值的元素，交换到 A[2] 中；如此下去，一直到最后一个元素。

选择排序（升序）示意如图 10-2 所示。

③ 冒泡排序（升序）基本思想：一个轮次一个轮次地进行扫描处理，在每轮次中，依次对待排序数组元素中相邻的两个元素进行比较，将小的放前，大的放后；一轮扫描可将当前

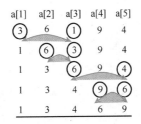

图 10-2　选择排序（升序）示意

待排序数组元素中的最大数交换到水底，其余较小的数向水面上浮，形似冒泡。

冒泡排序（升序）示意如图 10-3 所示。

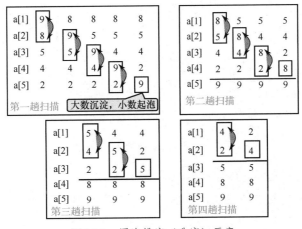

图 10-3　冒泡排序（升序）示意

2．外排序问题：数据太大不能一次性装入内存

外排序是指，待排序的数据保存在磁盘上，不能一次性装入内存，即不能一次完整地看到和操纵所有数据，需要将数据分批装入内存分批处理的排序问题。

外排序的直观求解策略如下：

① 将大的数据集切分为很多个子集合，如 N 个子集合。

② 将每个子集合依次装载到内存中，应用内排序算法对其进行排序，排好后再存储到外存储器。这样就获得了 N 个已排好序的数据集。

③ 将 N 个排好序的数据集合并，使合并后的数据集仍然保持有序，即可实现对整个数据集的排序；当然，在合并的过程中仍面临着内存空间的约束，所以不得不一边排序、一边读取或写入外存储器。

外排序通常采用的是一种"排序和归并"的策略。

3．PageRank 算法：见面排序（排序问题的不同思考）

PageRank 的基本概念：基于"从许多优质的网页链接过来的网页，必定还是优质网页"这一基本想法来判定所有网页的重要性。这也是 **PageRank** 网页排序算法的精髓。

网页的两种链接：正向链接和反向链接。

① 正向链接：该页面指向其他页面的链接，将对指向页面的重要度评价产生贡献。

② 反向链接：其他页面指向该页面的链接，将对本页面的重要度评价产生贡献。

网页的重要度指标：即 PageRank 值，被平均地分配到其每个正向链接上，作为对其他网页的贡献度；而由反向链接获得的贡献度被加入本网页的重要度指标

PageRank 的概念示意如图 10-4 所示，提高一个页面 PageRank 值的要点大致有 3 方面：① 反向链接数（单纯意义的受欢迎度指标）；② 反向链接是否来自推荐度高的页面（有根据的受欢迎指标）；③ 反向链接源页面的链接数（被选中的概率指标）。

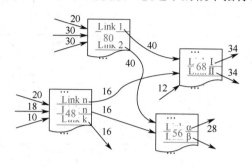

图 10-4　PageRank 的概念示意

PageRank 自身是由 Google 搜索计算的，而与用户检索内容的条件表达式完全无关，当用户的检索条件表达式被执行并查询出网页后，搜索引擎会按照网页的 PageRank 值对这些查询出的结果网页排序并呈现给用户。

10.2　练习题

一、单选题

1. 排序算法是最基本的算法，很多复杂算法都是以排序为基础进行构造的。关于排序算法，下列说法不正确的是（　　）。

A. 大规模数据集合中查找数据元素的问题，有序数据集合比无序数据集合的查找快得多

B. 大规模数据集合中按数据元素分组进行统计的问题，有序数据集合比无序数据集合快得多

C. 对无序数据集合，算法 X 采用无序数据处理，算法 Y 先将无序数据排序成有序数据，然后进行处理，则对前述 A、B 两类问题，算法 Y 一定比算法 X 慢

D. 对无序数据集合，算法 X 采用无序数据处理，算法 Y 将无序数据排序成有序数据后进行处理，则对前述 A、B 两类问题，算法 Y 不一定比算法 X 慢

2. 关于内排序算法和外排序算法，下列说法中不正确的是（　　）。

A. 内排序算法通常是内存中数据排序常用的算法，而外排序算法通常是大规模数据排序

常用的算法

B. 内排序算法由于内存排序应用的频繁性，所以算法要考虑用尽可能少的步骤；而外排序算法由于要利用磁盘保存中间结果，所以算法主要考虑尽可能少地读写磁盘

C. 无论是内排序算法还是外排序算法，都需要考虑读写磁盘的代价问题

D. 对一组需要排序的数据，能应用内排序算法时，尽量不用外排序算法

3. 将 5 个不同的数据进行排序，至多需要比较（　　　）。

A. 8　　　　　　　　　　　　B. 9

C. 10　　　　　　　　　　　　D. 25

4. 对 n 个不同的数据进行冒泡排序，在数据无序的情况下比较的次数为（　　　）。

A. $n+1$　　　　　　　　　　B. n

C. $n-1$　　　　　　　　　　D. $n \times (n-1)/2$

5. 排序方法中，从未排序序列中依次取出元素与已排序序列（初始时为空）中的元素进行比较，将其放入已排序序列的正确位置上的方法，称为（　　　）。

A. 基数排序　　　　　　　　　B. 冒泡排序

C. 插入排序　　　　　　　　　D. 选择排序

6. 用冒泡排序方法对一批数据进行升序排序，数据交换次数最多的是（　　　）。

A. 数据从小到大排列好的　　　B. 数据从大到小排列好的

C. 数据无序　　　　　　　　　D. 数据基本有序

7. 冒泡法排序一次交换只改变一对数的逆序关系，而选择法排序一次交换可以改变多个数的逆序关系，因此下列说法中正确的是（　　　）。

A. 冒泡法排序算法比选择法排序算法效率高

B. 冒泡法排序算法比选择法排序算法效率低

C. 如果排序的数据源相同，那么冒泡法排序算法和选择法排序算法效率相同

D. 冒泡法排序算法和选择法排序算法在效率上无可比性

8. 关于顺序查找算法和折半查找算法，下列说法中正确的是（　　　）。

A. 数据集合的规模为 n，则顺序查找算法平均要查找 $\log_2 n$ 个数据元素

B. 顺序查找算法无须对被查找的数据表进行排序，所以查找效率高

C. 折半查找算法需要对被查找的数据表进行排序，所以查找效率低

D. 当数据集合规模较大时，折半查找算法比顺序查找算法效率高

9. 对于如下学生表使用折半查找算法进行数据查找，下列说法中正确的是（　　　）。

学号	姓名	成绩	学号	姓名	成绩
120300107	闫宁	95	120300109	江海	77
120300103	李宁	94	120300110	周峰	73
120300101	李鹏	88	120300104	赵凯	69
120300106	徐月	85	120300105	张伟	66
120300102	王刚	79	120300108	杜岩	44

A. 对数据表中的学号、姓名和成绩，折半查找算法都适用

B. 先按学号进行排序，再用折半查找算法查找成绩

C. 先按姓名进行排序，再用折半查找算法查找成绩

D. 已按成绩进行排序的数据表，可用折半查找算法查找成绩

10. 关于顺序查找算法和折半查找算法的复杂度，下列说法中正确的是（　　）。

A. 顺序查找算法和折半查找算法的时间复杂度都为 $O(n)$

B. 顺序查找算法的时间复杂度为 $O(1)$，折半查找算法的时间复杂度为 $O(n)$

C. 顺序查找算法的时间复杂度为 $O(n)$，折半查找算法的时间复杂度为 $O(n/2)$

D. 顺序查找算法的时间复杂度为 $O(n)$，折半查找算法的时间复杂度为 $O(\log_2 n)$

11. 关于"非结构化数据（文档）的查找与搜索"问题，若要在 n 个全文文档中（n 可能很大，每份文档词汇量也很大）查找有无某关键词的文档，为提高检索效率，最好的做法是（　　）。

A. 直接用给定关键词来匹配每份文档中的每个词汇。若该文档存在匹配成功的词汇，则输出该文档，否则不输出该文档

B. 对这 n 个文档，首先建立一个含"关键词"和"文档编号"的索引表，用给定的关键词来查找索引表。若查找成功，则输出相对应的文档编号，否则输出"没有含该关键词的文档"

C. 对这 n 个文档，首先建立一个含"关键词""文档编号""出现次数"的倒排索引表。用给定的关键词来查找索引表。若查找成功，则输出相对应的文档编号，否则输出"没有含该关键词的文档"

D. 选项 A 的做法直接，效率高于 B、C

12. 关于"非结构化数据（文档）的查找与搜索"问题中"自动获取文档关键词"的方法，下列叙述中正确的是（　　）。

A. 文档中出现次数最多的词汇必定是关键词

B. 文档中去掉标点符号后，出现次数最多的词汇必定是关键词

C. 文档中去掉标点符号和一些辅助词汇，出现次数最多的词汇必定是关键词

D. 文档中去掉标点符号和一些辅助词汇，出现次数最多且次数达到一定数值的词汇必定是关键词

13. 按照 PageRank 的思想，一个网页的重要度被定义为（　　）。

A. 其拥有的所有反向链接的数目

B. 其拥有的所有反向链接的加权和

C. 其拥有的所有正向链接的数目

D. 其拥有的所有正向链接的加权和

14. 按照 PageRank 思想，一个网页链接的权值被定义为（　　）。

A．网页重要度除以该网页所拥有的正向链接数

B．网页重要度除以该网页所拥有的反向链接数

C．网页重要度除以该网页所拥有的所有链接数

D．上述都不正确

二、多选题

1．关于冒泡法排序算法和选择法排序算法，下列说法中错误的是（　　）。

A．冒泡法排序和选择法排序只适用于内排序，不适用于外排序

B．冒泡法排序和选择法排序既适用于内排序，又适用于外排序

C．对于同一个数据集合，冒泡法排序比选择法排序数据交换的次数少

D．冒泡法排序比选择法排序效率高

2．关于内排序和外排序算法设计的关键点，下列说法中正确的是（　　）。

A．外排序算法体现了受限资源环境下的算法构造，这里内存是一种受限资源；外排序算法强调尽可能少地读写磁盘，尽可能充分地利用内存来完成算法构造

B．外排序算法体现了与内排序算法设计不一样的关注点，前者更关注磁盘读写，后者更关注 CPU 执行操作的步数

C．外排序算法因内存环境的变化可以采用不同的策略，而不同策略算法的性能可能有所不同，这体现了问题求解算法的多样性，体现了算法需要"优化"

D．无论是内排序还是外排序，算法设计的关注点都是一样的

3．对于一组无序数据的集合，使用顺序查找算法和折半查找算法进行查找，下列说法中错误的是（　　）。

A．可以使用顺序查找算法

B．可以使用折半查找算法

C．顺序查找算法和折半查找算法都可以使用

D．顺序查找算法需先对无序数据集合进行排序

4．对于大规模有序数据的集合，使用顺序查找算法和折半查找算法进行查找，下列说法中正确的是（　　）。

A．顺序查找算法比折半查找算法快

B．折半查找算法比顺序查找算法快

C．只能采用折半查找算法查找

D．顺序查找算法和折半查找算法都可以实现查找

5．关于"非结构化数据或文档的查找与搜索"问题，对 n 个文档，首先建立一个含"关键词""文档编号""出现次数"的索引表，并按关键词进行字母序的排序，关键词相同，再按出现次数降序排序；用给定的关键词来查找索引表。查找成功，则输出相对应的文档编号，

否则输出"没有含该关键词的文档"。关于上述步骤涉及的几类算法，说法中正确的是（　　）。

  A．排序算法   B．字符串匹配算法

  C．查找算法   D．只需要查找算法和排序算法

  6．关于 PageRank 计算网页重要度的基本思想，下列说法中正确的是（　　）。

  A．反向链接数越多的网页越重要，即被链接次数越多越重要

  B．正向链接数越多的网页越重要，即链接次数越多越重要

  C．反向链接加权和越高的网页越重要，即被重要网页链接次数越多越重要

  D．正向链接数越多的网页，其链接的权值越低，即正向链接数越多的网页越不重要

  7．按照 PageRank 思想，关于一个网页的重要度，下列说法中错误的是（　　）。

  A．其拥有的所有反向链接的数目

  B．其拥有的所有正向链接的数目

  C．其拥有的所有链接的数目

  D．其拥有的所有反向链接的加权和

三、判断题（正确的画✓，错误的画✗）

  1．假定数据表有 n 条记录，则顺序查找平均要查找 $n/2$ 条记录。（　　）

  2．假定数据表有 n 条记录，则折半查找平均要查找 $\log_2 n$ 条记录。（　　）

  3．采用折半查找算法的前提条件首先是要按关键字排成升序。（　　）

  4．折半查找算法比顺序查找算法效率高。（　　）

  5．能用内排序实现排序的数据集，也一定能用外排序实现排序。（　　）

  6．非结构化数据或文档的查找与搜索时要建立倒排索引文件。（　　）

  7．对于非结构化文档，索引文件中"关键词"的确定是文档中出现次数排序在前面的若干词汇，或者频次超过一定阈值的那些词汇。（　　）

  8．插入排序算法只有后插算法。（　　）

  9．冒泡排序算法和选择排序算法最先排序好的都是后面的元素。（　　）

  10．对于同一个数据表排序，冒泡排序算法比选择排序算法数据交换的次数多。（　　）

  11．用选择排序算法对数据表进行升序排序，每轮选择时找出最小数，然后交换到尚未排序好的第一个数的位置上。（　　）

  12．外排序主要考虑的问题是磁盘读写的次数。（　　）

  13．PageRank 是基于"从许多优质的网页链接过来的网页，必定还是优质网页"这一基本想法来判定所有网页重要性的，这也是 PageRank 网页排序算法的精髓。（　　）

  14．根据 PageRank 计算网页重要度的基本思想，网页的重要度取决于其拥有的反向链接数目。（　　）

  15．一个链接的贡献度是该网页的重要度除以它的反向链接数。（　　）

四、填空题

1. 对于无序数据序列所能采用的查找算法是_____查找算法。

2. 折半查找算法必须首先对无序数据序列进行_____。

3. 假定问题的规模为 n，采用折半查找平均要查找_____个元素。

4. 将一个元素放入已排序好的序列中并保持原有规律的排序算法称为_____排序算法。

5. 冒泡排序最大的特点是数据元素频繁地_____。

6. 规模为 n 的数据序列采用冒泡排序算法，第 j 趟扫描需要进行_____次两两比较。

7. 规模为 n 的数据序列采用选择排序算法，第 j 次选择还剩_____个数据。

8. 待排序的数据保存在磁盘上，不能一次性装入内存，需要将数据分批装入内存进行处理的排序问题称为_____问题。

9. 非结构化数据或文档的查找和搜索也需要排序，此时要用到_____技术。

10. 网页的反向链接对网页的_____产生贡献。

五、简答题

1. 简述折半查找的基本思想。

2. 简述选择排序算法的基本思想。

第 11 章

难解性问题求解

11.1　知识点

一、可求解与难求解问题

1．现实世界中的各种问题

① 可计算问题：计算机在有限时间内能够求解的问题。

② 难计算问题：计算机在有限时间内不能求解的问题。

③ 不可计算问题：计算机完全不能求解的问题。

2．判断问题是否能计算

（1）计算复杂性

计算复杂性是问题规模的函数（如旅行商问题），指问题的一种特性，即利用计算机求解问题的难易性或难易程度。

（2）计算复杂性的衡量标准

① 计算所需的步数或指令条数，即时间复杂度。

② 计算所需的存储空间大小，即空间复杂度。

（3）求解算法：

问题的计算复杂性还涉及求解算法。

假设求解同一个问题的两个算法，问题规模记为 $n=60$。第一个算法的计算复杂性是 n^3（多项式函数表达），第二个算法的计算复杂性是 3^n（指数函数表达）。

用每秒百万次的计算机来计算，第一个算法用时只要 0.2 s，第二个算法用时就要 4×10^{28} s，也就是 10^{15} 年，相当于 10 亿台百万次每秒的计算机计算 100 万年。当 n 很大时，这两个算法的效率差异更大。

一个问题如果存在多项式时间计算复杂性的算法，就被认为是计算机能够求解的、能计算的或可计算的问题；一个问题如果没有多项式时间计算复杂性的算法，就被认为是难解性问题。

但是，要断定一个问题是否是难解性问题是很困难的。一个问题即使长期没有找到多项式时间计算复杂性算法，也不能保证以后就一定找不到，更不能依据此证明这个问题不存在多项式时间计算复杂性的算法。

3．P 类问题、NP 类问题和 NPC 类问题

计算机理论界将计算问题划分为 P 类问题和 NP 类问题。

（1）P 类问题（Polynomial Problem，多项式类问题）

多项式类问题是指计算机可以在有限时间内求解的问题，即在多项式表达的时间内能由

算法求解的问题。换句话说，P 类问题是总可以找到一个复杂性为 $O(n^a)$ 算法求解的问题，其中 a 为整数。

（2）NP 类问题（Non-deterministic Polynomial，非确定性多项式类问题）

有些问题，其答案无法由计算直接得到，只能通过间接猜算或试算来得到结果，通常不能直接告知答案，但可以告知某个可能的结果是否正确，这种可以告知猜算或试算结果是否正确的算法（假如其复杂度为多项式时间）就称为非确定性多项式问题，即 NP 类问题。

NP 类问题的典型求解思想如下。

① NP 问题可用穷举法或称遍历法得到答案，即对解空间中每个可能解进行验证，直到所有解都被验证是否正确，便能得到精确的结果。

② 验证穷举法求解算法的计算复杂度很可能是指数级别或阶乘级别，随问题规模的增大很快便会变得不可计算。

③ 由于求精确解有可能变得不可计算，因此求取近似解（多项式时间的近似算法）的设计便成为解决这类问题一种可行的途径。

（3）NPC 类问题（NP-Complete）

如果 NP 类问题的所有可能答案都可以在多项式时间内进行正确与否的验算，就称为完全非确定性多项式问题，即 NPC 类问题。

二、遗传算法——仿生学算法的简单示例

最优化问题近似算法所适应的问题是最优化问题。

要求在满足约束条件的前提下，使某目标值达到最大或最小。对于一个规模为 n 的问题，近似算法应满足以下两个基本要求。

① 算法的时间复杂度。要求算法能在 n 阶多项式时间内完成，即通过"近似"而不是"精确"来使时间复杂度为指数级别的计算问题化简为多项式级别的计算问题。

② 解的近似程度。算法的近似解应满足一定的精度，即达到"满意"（满足实际应用需求）的程度。

三、仿生学算法

自然界是人类各种技术思想、工程原理及重大发明的源泉。例如：

① 模仿鱼类的形体造船，以木桨仿鳍。

② 模仿蝙蝠释放出一种超声波接收回声的特性发明了雷达。

③ 研究蚂蚁的群体行为，提出了蚁群算法。

④ 研究蜂群行为，提出了蜂群算法。

仿生学的思想可广泛用于 NP 问题的求解，统称为仿生学算法或进化算法（Evolutionary Algorithm）。

一种典型的进化算法是遗传算法（Genetic Algorithm），模仿生物在自然界中的遗传、繁衍以及优胜劣汰、适者生存的规律而提出。

四、遗传算法的基本思想

遗传学中经常用到的术语如下。

① 复制：遗传过程中，父代的遗传物质 DNA 被复制到子代。即细胞在分裂时，遗传物质 DNA 通过复制而转移到新生的细胞中，新细胞就继承了旧细胞的基因。

② 交叉：交配/杂交，新可能解的一种形成方法，是对两个可能解的编码通过交换某些编码位而形成两个新的可能解的遗传操作。

③ 变异：新可能解的一种形成方法，是通过随机地改变一个可能解编码的某些片段（或基因）而使一个可能解变为一新的可能解的遗传操作。

④ 适应度：可能解接近最优解的一个度量，常用 $f(x)$ 的函数值作为其适应度的度量，其值越小（或越大），越接近最优解。

⑤ 选择：从种群（解集）中依据适应度按某种条件选择某些个体（可能解）。

⑥ 生物界的进化：优胜劣汰，适者生存。

生物的进化是以集团形式共同进行的，这样的一个团体称为群体，或称为种群。

组成群体的单个生物称为个体，每个个体对其生存环境都有不同的适应能力，这种适应能力称为个体的适应度。

依据个体适应度，淘汰劣质个体，保留优质个体的过程称为选择。

五、遗传算法为什么可以求解 NPC 问题

关于"解"的一组概念，假设一个问题的解的形式为 x，则：

① 可能解：由 x 的取值空间/定义域给定的任何一个 x 值。

② 可行解：问题通常有很多约束，满足问题所有约束的 x 值，才是有效的、可行的。

③ 近似解：由一个算法在任何一组可行解中求出的最优解。

④ 满意解：符合用户期望的近似解。

⑤ 精确解：所有可行解中的最优解，是问题的最优解。

所以，可能解集合 ⊃ 可行解集合 ⊃ 近似解集合 ⊃ 满意解集合 ⊃ 最优解/精确解集合。

NPC 问题求解初始思路：遍历算法"枚举—验证"。

① 以质量换速度，不求精确解，而求近似解—满意解：随机搜索法。

② 既要速度，又要质量，为提高近似解的质量：导向性随机搜索法。

③ 既要速度，又要质量：为提高近似解的质量，采取导向性群（体）随机搜索法。

六、什么情况下可用遗传算法求解问题

对于 NPC 问题，当没有其他更好的算法可以使用时，可以考虑选择遗传算法。

遗传算法的适用条件：

① 已知解空间，即可能解能够被表达、被枚举

② 已知关于可能解的适应度的计算方法，即：能够判断一个可能解是接近精确解还是偏离精确解。适应度用于判断一个可能解接近精确解的程度或方向

11.2　练习题

一、单选题

1. NP 问题很难求得最优解，一般用其他方法来解决，下列说法中不正确的是（　　　）。

A. 将 NP 问题化为 P 类问题来解决

B. 寻找求取一些次优解或者说满意解、求取近似解而不是精确解的多项式时间的近似算法便成为解决 NP 问题的一种途径

C. 近似算法要求算法能在多项式时间内完成，即通过"近似"而不是"精确"来使指数级别的计算问题化简为多项式级别的计算问题

D. 近似算法要求算法的近似解应满足一定的精度，即达到"满意"的程度

2. 下列说法中正确的是（　　　）。

A. P 类问题是计算机可以在有限时间内求解的问题

B. NP 类问题是计算机可以在有限时间内求解的问题

C. NPC 类问题是计算机可以在有限时间内求解的问题

D. 上述说法都正确

3. P 类问题是多项式问题，NP 类问题是（　　　）。

A. 非多项式问题　　　　　　　　　B. 非确定性多项式问题

C. 非 P 类问题　　　　　　　　　　D. 确定性非多项式问题

4. 下面关于 NP 类问题的说法中，正确的是（　　　）。

A. NP 类问题都是不可能解决的问题

B. P 类问题包含在 NP 类问题中

C. NP 类完全问题是 P 类问题的子集

D. NP 类问题包含在 P 类问题中

5. 若 L 是一个 NP 完全问题，L 经过多项式时间变换后得到问题 l，则 l 是（　　　）。

A. P 类问题　　　　　　　　　　　B. NP 难问题

C. NP 完全问题　　　　　　　　　　D. P 类语言

6. TSP 是一个 NP 完全问题，下列说法中不正确的是（　　）。

A. 对所有组合路径进行比较，为了得到最小的路径，随着城市的个数的增长，需要的时间是多项式时间的

B. 给定了一个解 $<t_1, t_2, \cdots, t_n>$ 时，该解可以在多项式时间内计算得到路径的长度

C. 因为解可以在多项式时间内验证，所以它属于 NP 问题

D. 如果用贪心算法求解，该算法所需的时间复杂度是城市个数的多项式函数

7. 类比计算类问题求解，下列说法中不正确的是（　　）。

A. 一个染色体是指问题的一个"可能解"。任何"可能解"都可以表达为编码形式，构成编码的基本单位即是基因

B. 所谓环境适应性，可以认为是对一个可能解的一种度量，即能够度量一个可能解的好与坏的某函数值，称为"适应度"

C. 遗传算法就是通过对可能解的复制、交叉或变异，不断产生新的可能解；计算可能解的适应度；淘汰掉适应度差的可能解，保留适应度好的可能解

D. 通过遗传算法的复制、交叉或变异一定可以求得问题的精确解

8. 关于遗传算法的求解，下列说法中不正确的是（　　）。

A. 初始种群中的可能解可以随机产生

B. 对于哪两个可能解进行交叉，可以采取随机方式从种群中选择

C. 对于两个可能解进行两段交叉，其交叉点是固定的，不可以采取随机方式确定

D. 对于哪个解进行变异和变异位置的确定，可以采取随机方式选择和确定

9. 关于遗传算法的求解，下列说法中正确的是（　　）。

A. 遗传算法可以一个轮次一个轮次迭代地进行（称为"进化"），可以在迭代到一定次数后终止

B. 遗传算法一定可以求得满意解或最优解，一定是在得到满意解或最优解时才终止

C. 遗传算法必定涉及随机处理，因为不但问题可能解的空间很大，而且任何一个子解空间也都可能很大，穷举法是难以办到的

D. 遗传算法是以交叉操作为产生新可能解的主要操作，而以变异操作作为产生新可能解的辅助操作

10. 关于遗传算法的求解过程，下列说法中不正确的是（　　）。

A. 适应度主要用于考察一个可能解是否接近最优解及接近的程度和方向，所以通常选择极值函数（如最大值函数或最小值函数）作为度量函数

B. 一般，通过将可能解代入一个极值函数（如最大值函数或最小值函数）中获得函数值，以该函数值作为适应度的值

C. 一个问题若要用遗传算法求解，则能够将其映射为类似求极值一样的函数，即函数的极大/极小值对应了问题的最优解/较优解，这是数学问题建模的一个方向

D．适应度函数可以任取一个极值函数，与求解问题本身可以没有什么关系

11．下列说法中正确的是（　　）。

A．可行解集合⊋近似解集合⊋可能解集合⊋满意解集合⊋最优解集合

B．可能解集合⊋可行解集合⊋满意解集合⊋近似解集合⊋最优解集合

C．可能解集合⊋可行解集合⊋近似解集合⊋满意解集合⊋最优解集合

D．最优解集合⊋满意解集合⊋近似解集合⊋可行解集合⊋可能解集合

12．设一个问题的解的形式为 x，下列说法中不正确的是（　　）。

A．由 x 的取值空间给定的任何一个 x 值称为可行解

B．由一个算法在任何一组可行解中求出的最优解称为是近似解

C．符合用户期望的近似解称为是满意解

D．所有可行解中的最优解是问题的最优解

13．关于衡量遗传算法的性能好坏，下列说法中不正确的是（　　）。

A．近似率越高的算法，性能越好

B．在执行相同次数的迭代后，获得满意解越好的算法，性能越好

C．在达到期望满意解的前提下，迭代次数越多的算法，性能越好

D．当不同算法均应用多次后，求得满意解次数越多的算法，性能越好

14．关于遗传算法：假设有函数 $f(x) = x^2$，求使其获得最大值的整数解。随机生成 4 个初始解，并表示成二进制数：s1= 13(01101)，s2= 24(11000)，s3= 8(01000)，s4= 19(10011)。下列说法不正确的是（　　）。

A．对于一般的函数，随机生成的初始解，对算法最终求得最优解没有影响

B．每个解的适应度的值是：$f(s1) = f(13) = 13^2 = 169$，$f(s2)= 576$，$f(s3) = 8^2 = 64$，$f(s4) = 361$

C．初始解的质量的好坏，将影响算法迭代运行的次数

D．解的编码方式对算法设计影响很大

15．关于遗传算法：假设有函数 $f(x) = x^2$，求使其获得最大值的整数解。随机生成 4 个初始解，并表示成二进制数：s1= 13(01101)，s2= 24(11000)，s3= 8(01000)，s4= 19(10011)，每个解的适应度的值是：$f(s1)= f(13) = 13^2 = 169$，$f(s2)= 576$，$f(s3)= 8^2 = 64$，$f(s4)= 361$，根据下列概率公式

$$P(x_i) = \frac{f(x_i)}{\sum_{j=1}^{N} f(x_i)}$$

计算每个染色体被选择的概率，则错误的是（　　）。

A．$P(s1)=0.14$　　　　　　　　　　B．$P(s2)=0.49$

C．$P(s3)=0.05$　　　　　　　　　　D．$P(s4)=0.39$

16．假定进行"优胜劣汰"的选择后的 4 个个体为 s1= 13(01101)，s2= 24(11000)，s3= 8(01000)，s4= 19(10011)中 s3 的适应度太低遭淘汰。分别在 s1、s2 的第 2 位和 s2、s4 的第 3

位进行断开交叉，交叉后得到 4 个新的个体，则错误的是（　　　）。

| s1: 01 | 101 | s2: 110 00 |
| s2: 11 | 000 | s4: 100 11 |

A．s1 =01000
B．s2 =11101

C．s3 =11011
D．s4= 10001

二、多选题

1．下列说法中正确的是（　　　）。

A．P 类问题是计算机可以在多项式时间内求解的问题

B．NP 类问题是计算机可以在多项式时间内验证"解"的正确性的问题

C．NPC 类问题是对问题的每个可能解，计算机都可以在多项式时间内验证"解"的正确性的问题，也称为 NP 完全问题

D．NP 类问题是计算机可以在有限时间内求解的问题

2．下列说法中正确的是（　　　）。

A．P 类问题是总能找到一个多项式时间复杂性算法进行求解的问题

B．NP 类问题是一定找不到多项式时间复杂性算法进行求解的问题

C．NP 类问题是不确定能够找到多项式时间复杂性算法进行求解的问题

D．NP 类问题一定能找到多项式时间复杂性算法进行"解"的正确性验证的问题

3．关于 NP 类问题求解，下列说法中不正确的是（　　　）。

A．NP 类问题求精确解，可能找不到多项式时间复杂性算法；但 NP 类问题求近似解，则能够找到多项式时间复杂性算法

B．NP 类问题求精确解，可能找不到多项式时间复杂性算法；但 NP 类问题求近似解，则也可能找不到多项式时间复杂性算法

C．能够找到求 NP 类问题近似解的多项式时间复杂性算法，求得的解一定不是满意解

D．能够找到求 NP 类问题近似解的多项式时间复杂性算法，求得的解一定是满意解

4．TSP 是一个 NP 完全问题，下列说法中正确的是（　　　）。

A．对所有组合路径进行比较，为了得到最小的路径，随城市的个数的增长，需要的时间增长极快，但是如果能够求解，则可以得到最优解

B．给定了一个解 $<t_1, t_2, \cdots, t_n>$ 时，t_{k+1} 是与 t_k 相连接的城市，那么通过这个解可以在多项式时间内求得路径长度

C．对所有组合路径进行比较，所需的时间是城市数目的多项式时间

D．对一个具体的 TSP 问题，执行贪心算法，所求得的最终解是最优解

5．下列说法中正确的是（　　　）。

A．任何一个生物个体的性状是由其染色体确定的，染色体是由基因及其有规律的排列所构成的，因此生物个体可由染色体来代表

B. 生物的繁殖过程是通过将父代染色体的基因复制到子代染色体中完成的，在复制过程中会发生基因重组或基因突变

C. 自然界体现的是"优胜劣汰、适者生存"的丛林法则，不适应环境的生物个体将被淘汰，自然界生物的生存能力会越来越强

D. 基因就是染色体，即基本的遗传信息

6. 类比计算类问题求解，下列说法中正确的是（　　）。

A. 一个染色体是指问题的一个"可能解"，一个基因即"可能解"的一个编码位或若干编码位的一个组合

B. 一个种群即一个包含问题满意解或精确解的"可能解"的集合

C. 适应度是对"可能解"的一个度量，可以衡量"可能解"接近最优解或精确解的程度

D. 复制、交叉、变异等都是产生新"精确解"的方式

7. 关于遗传算法的基本求解过程，下列说法中正确的是（　　）。

A. 可能解的编码过程、初始种群的产生过程

B. 复制、交叉和变异形成候选种群的过程

C. 可能解的适应度计算过程和淘汰可能解形成新一代种群的过程

D. 算法终止及最终解的形成过程

8. 关于遗传算法的求解，下列说法中正确的是（　　）。

A. 种群的规模即种群中可能解的个数是预先设定且固定不变的，其大小影响遗传算法求解的质量和效率

B. 种群的规模虽然是预先设定的，但其大小不会影响遗传算法求解的质量和效率

C. 种群的规模可以依据问题的所有可能解的个数来确定：太大，虽求解效果好，但计算量却很大；太小，虽计算量很小，但求解效果却难以保证

D. 种群规模是随机确定的

9. 关于在什么情况下应用遗传算法，下列说法中正确的是（　　）。

A. 当对某问题求解找不到更好的多项式时间复杂性算法时

B. 当问题的可能解能够被表达并能够确定问题的解空间时

C. 一般性的问题求解都采用遗传算法

D. 当能够找到可能解的适应度计算方法即判断一个可能解接近精确解的程度或方向时

10. 设一个问题的解的形式为 x，下列说法中正确的是（　　）。

A. 由 x 的取值空间给定的任何一个 x 值称为可能解

B. 满足问题约束的可能解称为满意解

C. 在任何一组可行解中求出的最优解称为满意解

D. 所有可行解中的最优解是问题的最优解

11. 遗传算法是迭代计算求解的方法。如何终止遗传算法，下列说法中正确的是（　　）。

A．当适应度已达到饱和、继续进化不会产生适应度更好的近似解时，可终止遗传算法

B．当某可行解已经满足满意解的条件，即满意解已经找到，可终止遗传算法

C．当进化到指定的代数（次数）或者当达到一定的资源占用量时，可终止算法

D．进化的代数（次数）是随机的，代数越多，越能求得最优解

三、判断题（正确的画√，错误的画×）

1．可计算问题是指在多项式时间内能够求解的问题。（　　）

2．P 类问题是指在多项式时间内能够求解的问题。（　　）

3．不可计算问题是指计算机完全不能求解的问题。（　　）

4．计算复杂性是指时间复杂性。（　　）

5．问题的计算复杂性与算法无关。（　　）

6．NP 类问题是非确定性多项式问题，其答案无法由计算直接得到，只能通过猜算或试算来得到。（　　）

7．NP 类问题虽然无法通过计算直接得到结果，但能找到一种方法，在多项式时间里验证一个解是否正确。（　　）

8．NPC 类问题虽然无法通过计算直接得到结果，但能找到一种方法，在多项式时间里验证大部分解是否正确。（　　）

9．遗传算法主要针对 NP 类和 NPC 类问题。（　　）

10．NP 类问题属于 P 类问题。（　　）

11．基因是染色体的片段。（　　）

12．遗传算法设计的关键是染色体的设计、原始种群的确定、遗传规则的制定、适应度的计算、优胜劣汰算法、终止的条件。（　　）

13．遗传算法的适应度是可能解接近最优解的一个度量。（　　）

四、填空题

1．计算机求解问题的难易性或难易程度称为计算_____。

2．问题求解所需的步数或指令的条数称为_____复杂度。

3．问题求解所需存储空间大小称为_____复杂度。

4．一个问题如果存在多项式时间计算复杂性算法，被认为可计算的问题,也称为_____问题。

5．有些问题尚不能找到多项式复杂性算法得到计算结果，但能通过间接猜算或试算来得到结果，通常有个算法可以验证结果是否正确，而这个算法又是多项式复杂性算法。这类问题称为_____问题。

6．有些问题尚不能找到多项式复杂性算法得到计算结果，但能通过间接猜算或试算来得到结果，通常有个算法可以验证所有结果是否正确，而这个算法又是多项式复杂性算法。这

类问题称为_____问题。

7. NP 类问题如果找到了多项式时间复杂性算法，那么这个问题就成了_____问题。

8. 对于 NP 类问题，由于求精确解可能变得不可计算，因此采用多项式时间复杂度算法求取_____解便成为解决这类问题一种可行的途径。

9. 遗传算法是求解 NP 类问题的近似算法，这类算法求得的解应满足一定的精度，即达到_____的程度。

10. 遗传算法中，优胜劣汰，适者生存，用_____来度量可能解接近最优解的程度。

11. 遗传算法中，父代遗传物质 DNA 到子代，新细胞继承了旧细胞的基因，这种继承称为_____。

五、简答题

1. 什么是 P 类问题和 NP 类问题？

2. 简述遗传算法的设计要点。

第 12 章

数据库和大数据

12.1　知识点

一、数据与大数据：以数据说话

1．数据

① 数据是记录信息的、按一定规则排列组合的物理符号。可以是数字、文字、图像，也可以是计算机代码。

② 数据是信息的符号化表示。

③ 凡是能够被计算机接收、存储、加工、传递和展示的都称为计算机的数据。

④ 数据是重要的生产力，因为其可以精确地描述事实，以量化的方式反映逻辑和理性，决策将日益基于数据和分析而做出，而并非基于经验和直觉。

⑤ 数据被视为知识的来源，被认为是一种财富。

⑥ 数据收集、数据管理、数据分析的能力常被视为核心竞争力，和企业利益息息相关。

2．大数据

巨量资料、海量数据无法通过目前主流软件工具在合理时间内达到获取、管理、处理，并整理出真正有意义的信息的目的。

① 大数据需要新的处理模式才能具有更强的决策力、洞察发现力和流程优化能力来适应海量、高增长率和多样化的信息资产。

② 从技术上看，大数据与云计算密不可分。大数据必然无法用单台计算机进行处理，必须采用分布式架构。它的特色在于对海量数据进行分布式数据挖掘，但它必须依托云计算的分布式处理、分布式数据库和云存储、虚拟化技术。

③ 在《大数据时代》中，大数据方法是指不用随机分析法（抽样调查）这样的捷径，而是采用所有数据的方法。

④ 大数据的 5V 特点（IBM 公司提出）：Volume（大量），Velocity（高速），Variety（多样），Value（价值），Veracity（真实性）。

3．大数据的价值

大数据带来的信息风暴正在改变我们的生活、工作和思维，大数据开启了一次重大的时代转型。大数据时代最大的转变就是，放弃对因果关系的渴求，而关注相关关系。也就是说只要知道"是什么"，而不需要知道"为什么"，这就颠覆了千百年来人类的思维习惯，对人类的认知和与世界交流的方式提出了全新的挑战。

二、数据聚集的核心：数据库与数据管理

数据库与数据管理如图 12-1 所示。

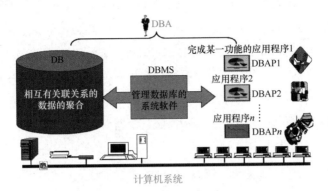

图 12-1　数据库与数据管理

1．数据聚集成"库"

通常，将各类数据组织成一张二维表来进行管理，这些二维表格的集合形成数据库（数据仓库）。

① 数据库（DataBase，DB）：有组织的、可共享的大量数据的集合。简单理解，数据库是相互关联的数据"二维表"的集合。

② 数据库管理系统（DataBase Management System，DBMS）：管理数据库的一种计算系统，是数据库与应用程序之间的接口，是对数据库进行控制和管理的系统软件。

③ 数据库应用系统（DataBase Apply System，DBAP）：按照应用需求，针对具体的数据库开发的应用程序。

④ 数据库管理员（DataBase Administrator，DBA）：对数据库进行规划、设计、维护、监视的人员。

⑤ 数据库系统（DataBase System，DBS）的构成：系统即整体，是由计算机软/硬件、数据库、数据库管理系统、数据库应用系统、数据库管理员构成的整体。

⑥ 数据库管理系统（DBMS）对数据库的管理如图 12-2 所示。

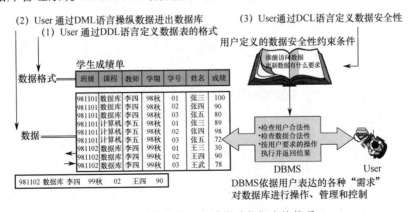

图 12-2　数据库管理系统对数据库的管理

⑦ 数据表的定义：用数据描述语言（Data Definition Language，DDL）定义表的格式，让用户表达要定义什么样的表，然后 DBMS 会按照用户的需求在系统里建立相应的表。

⑧ 数据表的操纵：用数据操纵语言（Data Manipulation Language，DML）按格式操纵表中的数据，供用户表达想对数据库所进行的操作，并获取相应的结果。

⑨ 数据库的控制：用数据控制语言（Data Control Language，DCL）对数据表的使用进行控制，以方便用户表达对数据库安全性的控制需求。然后，DBMS 按照管理者定义的安全性，对访问数据库的用户和程序进行控制。

数据库管理系统还提供一系列的数据库存储、数据库的备份和恢复、数据库的并发控制、性能监视与分析等方面的功能。

2．数据库的基本结构：数据表

数据表示意如图 12-3 所示。

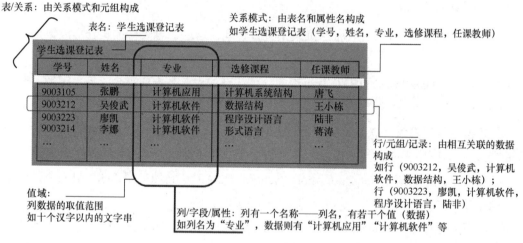

图 12-3　数据表示意

（1）数据表的构成

直观来看，数据表是由简单的行列关系约束的一种二维数据结构。

① 列：也称字段或属性。表的每列都包含同一类型信息，列由列名和列值两部分构成。

② 行：也称元组或记录。表中一行由若干属性值组成，描述一个对象的信息。

③ 表：也称关系，由表名、列名及若干行数据组成。以表这种形式反映数据组织结构的模型称为"关系模型"。

④ 关系模式：在表中，表的结构称为关系模式，主要由表名和列名构成。

⑤ 关键字：在表的各种属性中，有些属性或属性组很重要，称为码，也称键或者关键字，它的值能唯一地将该表中的每行区分开来。

⑥ 候选关键字：可以作为关键字的属性或属性组。

⑦ 数据库：一张二维表用于描述客观世界中的一类事物，对不同事物的描述则用不同结构的表，如此若干数据表的集合便形成了一个"数据库"。

（2）数据表的性质

① 列是同质的，即同一列具有相同的值域。

② 行或列的顺序可以任意交换。

③ 任意两个元组（或行、记录）不能完全相同。

④ 表中每个数据项都必须是不可再分割的数据项，即原子属性。

⑤ 表中必须有候选关键字。

3．数据表的操作：关系操作

二维表的运算如下。

（1）一个表的操作

①"选择"操作：从一个表中选出若干元组生成一个新表。

②"投影"操作：从一个表中选出若干列生成一个新表。

（2）两个表的操作

① 将两个具有相同关系模式的表中的元组进行"并""交"和"差"操作生成一个新表。

② 将两个具有相同或不同关系模式的表中的元组进行"笛卡儿积""条件连接"或"自然连接"生成一个新表。

（3）具体的关系操作

①"并"操作：关系 A 和关系 B 的"并"操作的结果是由或者属于 A 或者属于 B 的元组组成的新关系。

②"交"操作：关系 A 和关系 B 的"交"操作的结果是由既属于 A 又属于 B 的元组组成的新关系。

③"差"操作：关系 A 和关系 B 的"差"操作的结果是由属于 A 而不属于 B 的元组组成的新关系。

④"选择"操作：从某个给定的关系中筛选出满足一定限制条件的元组。

⑤"投影"操作：从给定的关系中保留指定的属性子集而删除其余属性。

⑥"笛卡儿积"操作：是将两个关系拼接起来的一种操作，它由一个关系的元组和另一个关系的每个元组拼接成一个新元组，由所有这样的新元组构成的关系便是"笛卡儿积"操作的结果。

⑦"连接"操作：是对两个关系的拼接操作，但不同于"笛卡儿积"操作，"连接"操作是将两个关系中满足一定连接条件的元组拼接成一个新元组，这个条件便是所谓的连接条件。"连接"操作通常指"自然连接"操作，即要求两个关系的同名属性其值相同的情况下，才能将两个关系的元组拼接成一个新元组。连接操作可以由两个关系先做笛卡儿积操作，再做选择操作，然后做投影操作来实现。

4．用数学表示数据表的操作：关系理论

① 并：设 R 和 S 为并相容的关系。所谓并相容是指两个关系具有相同数量的属性，且相

应属性的取值来自相同的域，t 为元组（下同），则 $R \cup S = \{t \mid t \in R \vee t \in S\}$。

② 差：设 R 和 S 为差相容的关系，则 $R - S = \{t \mid t \in R \wedge t \notin S\}$。

③ 交：设 R 和 S 为交相容的关系，则 $R \cap S = \{t \mid t \in R \wedge t \in S\}$。交操作可以由其他操作组合来完成，即有性质 $R \cap S = R - (R - S)$。

④ 笛卡儿积：设 R 是 n 度关系，S 是 m 度关系，则 $R \times S$ 为 $n+m$ 度关系，则

$$R \times S = \{<a_1, a_2, \cdots, a_n, b_1, b_2, \cdots, b_m> \mid <a_1, a_2, \cdots, a_n> \in R \wedge <b_1, b_2, \cdots, b_m> \in S\}$$

简记为

$$R \times S = \{t \mid t = <t(n), t(m)> \wedge t(n) \in R \wedge t(m) \in S\}$$

上式说明：$R \times S$ 是将 R 中的每个元组和 S 中的每个元组拼接成一个新元组，是所有可能组合的新元组的集合。

⑤ 投影：关系 R 上的投影是从 R 中选出若干属性列组成新的关系，记为

$$\pi_{j_1, j_2, \cdots, j_m}(R) = \{t \mid t = <t_{j_1}, t_{j_1}, \cdots, t_{j_m}> \wedge <t_1, t_2, \cdots, t_n> \in R, 1 \le j_1, j_2, \cdots, j_m \le n\}$$

上式说明：投影操作是将 R 的元组 $<t_1, t_2, \cdots, t_n>$ 的分量按照 $t_{j_1}, t_{j_1}, \cdots, t_{j_m}$ 的排列顺序，重新排列后，所形成的新元组的集合。

⑥ 选择：

$$\sigma_{F(R)} = \{t \mid t \in R \wedge F(t) = '真'\}$$

其中，F 是命题公式，由运算符连接的常量、分量标号或其他命题公式组成，包括：常量、分量标号、算术运算符（$\le$、$<$、$\ge$、$>$、$=$、$\ne$）和逻辑运算符（$\wedge$（and）、$\vee$（or）、$\neg$（not））。

⑦ θ 连接（θ-Join）：给定条件的连接。

$$R\,(\theta - \text{Join for } i\,\theta\,j)\,S = \{t \mid t = <t(n), t(m)> \wedge t(n) \in R \wedge t(m) \in S \wedge t_i(n)\,\theta\,t_j(m) = \text{True}\}$$

其中，$t(n)$ 表示 R 的元组，$t(m)$ 表示 S 的元组，$t_i(n)$ 表示元组 $t(n)$ 的第 i 个属性。

如前所述，连接操作也可以由其他操作组合来实现，即有性质

$$R\,(\theta - \text{Join for } i\,\theta\,j)\,S = \sigma[i]\,\theta\,[n+j](R \times S)$$

读者可自己证明该性质的正确性。

⑧ 自然连接（Join）。

$$R\,(\text{Join})\,S = \{t \mid t = <t(n), t'(m)> \wedge t(n) \in R \wedge t(m) \in S$$
$$\wedge\, t_{i_1}(n)\,\theta\,t_{j_1}(m) = \text{True} \wedge \cdots \wedge t_{i_k}(n)\,\theta\,t_{j_k}(m) = \text{True}\}$$

其中，$t(n)$ 表示 R 的元组，$t(m)$ 表示 S 的元组，$t_{i_1}(n)$ 表示元组 $t(n)$ 的第 i_1 个属性，$t(n)$ 的第 i_g 个属性与 $t(m)$ 的第 j_g 个属性相同（$g = 1, 2, \cdots, k$），$t'(m)$ 为 $t(m)$ 去掉与 $t(n)$ 相重复的属性 $t_{j_1}(m)$、$\cdots$、$t_{j_k}(m)$ 后形成的新元组。

5．用计算机语言表达数据表及其操作：数据库语言

数据库研究者依据关系模型设计了一种类似英语语法的结构化的数据库语言，即 SQL（Structural Query Language，结构查询语言）。

① SQL（Structural Query Language）包括：数据定义语言 DDL（定义二维表的格式）、

数据操纵语言 DML（操纵表中的数据）、数据控制语言 DCL（控制二维表中数据可以被哪些用户使用）。

② SQL 的查询语句

SELECT 语句的基本格式如下：

```
SELECT  列名 1, 列名 2, …
FROM  表名 1, 表名 2, …
WHERE  条件;
```

其直观含义是从"表名 1""表名 2"等所表征的表中（FROM 子句）检索出满足"条件"的所有记录（WHERE 子句），对这些记录按照列名 1、列名 2、…给出的名称和次序选择出相应的列（SELECT 子句）。

此语句的严格意义相当于如下关系操作的组合：

$$\pi_{列名1,列名2,\cdots}(\sigma_{条件}(表名1 \times 表名2 \times \cdots))$$

SELECT 子句相当于投影操作，WHERE 子句相当于选择操作，而 FROM 子句相当于笛卡儿积操作。

三、数据分析的核心：联机数据分析与数据挖掘

1．分析和利用数据

数据库与数据库管理系统，可实现数据的有效聚集与管理，但数据聚集与管理的目的是更好地利用数据。

如何利用数据，如何将数据转换成生产力呢？利用数据可有多种方式，最基本的是通过各种形式分析数据，以及通过数据分析挖掘蕴含在数据中的知识并将其应用到生产经营的各种活动中。

2．数据挖掘

数据挖掘（Data Mining），又称资料勘探、数据采矿，是数据库知识发现（Knowledge-Discovery in Databases，KDD）的一个步骤。

数据挖掘一般是指从大量的数据中通过算法搜索隐藏于其中信息的过程。通常与计算机科学有关，并通过统计、在线分析处理、情报检索、机器学习、专家系统（依靠过去的经验法则）和模式识别等诸多方法来实现上述目标。

四、数据抽象、理论和设计：数据处理的一般性思维

抽象、理论和设计是计算学科的 3 种形态或 3 种过程。

1．抽象：理解→区分→命名→表达

抽象是感性认识世界的手段。理论和设计的前提都需要抽象，没有抽象二者都没有办法达成目标，这就是抽象的价值。

① 抽象是指在具体事物中发现其本质性特征和方法的过程。

② 抽象的目的是发现并抓住本质。

③ 抽象的示意性示例如图 12-4 所示。

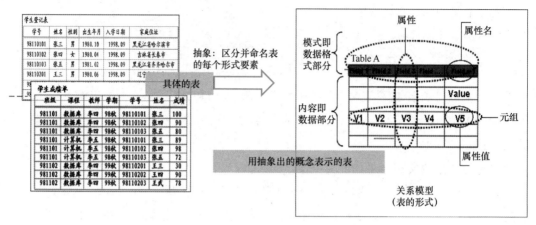

图 12-4　抽象示例

2．理论：定义→性质（公理和定理）→证明

理论是发现客观世界规律的手段。如果理论不能指导设计，则反映不出其价值。如果没有理论指导，则设计的严密性、可靠性和正确性没有保证，这就是理论的价值。

① 理论：对规律进行严密化描述及论证的过程。由定义、公理、性质、定理和证明等内容构成。其中：

❖ 定义是对概念的严密化描述。

❖ 公理是由概念及其固有性质证明其正确性和结论性的描述。

❖ 定理是可由定义、公理和其他定理证明其正确性和结论性的描述。

❖ 证明是公理、定理正确性的论证过程。

② 理论的示意性示例如图 12-5 所示。

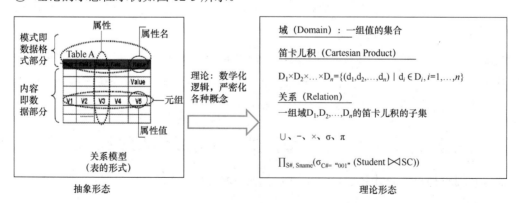

图 12-5　理论示例

3．设计：形式→构造→自动化

设计是构造计算系统来改造客观世界的手段，是工程的主要内容，只有设计才能造福于人类，这就是设计的价值。

设计是构建计算系统的过程，是技术、原理在计算系统中实现的过程。设计示例如图 12-6 所示。

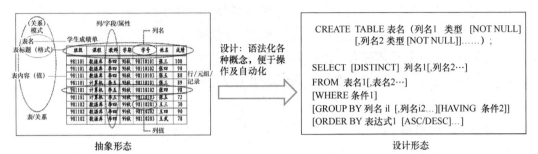

图 12-6　设计示例

4．抽象、理论、设计之间的关系

① 从感性认识（抽象）到理性认识（理论），再由理性认识（理论）回到实践（设计）中。

② 抽象、理论和设计概括了计算学科中的基本内容，是计算学科认知领域中最基本原始的 3 个概念，是科学的思维方法。

抽象、理论、设计之间关系的示例如图 12-7 所示。

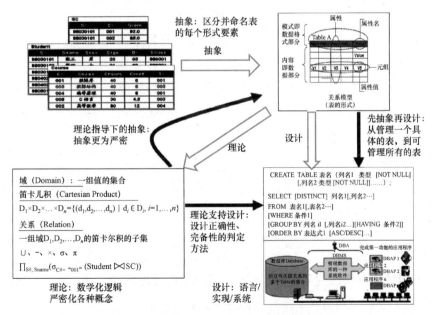

图 12-7　抽象、理论、设计之间关系的示例

12.2 练习题

一、单选题

1. 下列（　　）不是大数据提供的用户交互模式。

A. 数据统计和分析 　　　　　 B. 任意查询和分析

C. 图形化展示 　　　　　　　 D. 数据挖掘

2. 大数据不是要教机器像人一样思考，相反，它是（　　）。

A. 把数学算法运用到海量的数据上来预测事情发生的可能性

B. 被视为人工智能的一部分

C. 被视为一种机器学习

D. 预测与惩罚

3. 大数据是指不用随机分析法这样的捷径，而采用的方法是（　　）。

A. 所有数据 　　　　　　　　 B. 绝大部分数据

C. 适量数据 　　　　　　　　 D. 少量数据

4. 大数据的简单算法与小数据的复杂算法相比（　　）。

A. 更有效 　　　　　　　　　 B. 相当

C. 不具备可比性 　　　　　　 D. 无效

5. 大数据时代，我们是让数据自己"发声"，没必要知道为什么，只需要知道（　　）。

A. 原因 　　　　　　　　　　 B. 是什么

C. 关联物 　　　　　　　　　 D. 预测的关键

6. 关于数据库，下列说法中不正确的是（　　）。

A. 数据库是一个特定组织所拥有的相互有关联的数据集合

B. 数据库是以统一的数据结构组织数据并存放于存储介质上的数据集合

C. 数据库是管理大规模数据集合的一种软件

D. 数据库可以为各类人员通过应用程序所共享使用

7. 有以下一些要素：① 数据库；② 数据库管理系统；③ 数据库应用；④ 数据库管理员；⑤ 计算机基本系统及网络；则一个数据库系统是由（　　）组成的。

A. ①和② 　　　　　　　　　 B. ①、②和③

C. ①、②和④ 　　　　　　　 D. ①、②、③、④和⑤

8. 图书管理数据库系统的读者管理程序、图书借阅管理程序、图书编目管理程序等都是数据库应用程序，它们是通过（　　）访问图书数据库的。

A. 计算机系统 　　　　　　　 B. 数据库管理系统

C. 数据库管理员 　　　　　　 D. 数据库应用

9. 数据库的基本特点是（　　）。

A. 数据结构化、数据独立性、数据冗余大，易移植、统一管理和控制

B. 数据结构化、数据独立性、数据冗余小，易扩充、统一管理和控制

C. 数据结构化、数据互换性、数据冗余小，易扩充、统一管理和控制

D. 数据非结构化、数据独立性、数据冗余小，易扩充、统一管理和控制

10.（　　）是存储在计算机内有结构的数据的集合。

A. 数据库系统　　　　　　　　　B. 数据库

C. 数据库管理系统　　　　　　　D. 数据结构

11. 数据库中存储的是（　　）。

A. 数据　　　　　　　　　　　　B. 数据模型

C. 数据以及数据之间的联系　　　D. 信息

12. 数据库的特点之一是数据的共享，严格地讲，这里的数据共享是指（　　）。

A. 同一个应用中的多个程序共享一个数据集合

B. 多个用户、同一种语言共享数据

C. 多个用户共享一个数据文件

D. 多种应用、多种语言、多个用户相互覆盖地使用数据集合

13. 数据库系统的核心是（　　）。

A. 数据库　　　　　　　　　　　B. 数据库管理系统

C. 数据模型　　　　　　　　　　D. 软件工具

14. 数据库（DB）、数据库系统（DBS）和数据库管理系统（DBMS）三者之间的关系是（　　）。

A. 数据库系统包括数据库和数据库管理系统

B. 数据库管理系统包括数据库和数据库系统

C. 数据库包括数据库系统和数据库管理系统

D. 数据库系统就是数据库，也就是数据库管理系统

15. 数据库管理系统是（　　）。

A. 支撑软件　　　　　　　　　　B. 应用软件

C. CAD 软件　　　　　　　　　　D. 系统软件

16. 数据库系统的特点是（　　）、数据独立、减少数据冗余、避免数据不一致和加强了数据保护。

A. 数据共享　　　　　　　　　　B. 数据存储

C. 数据应用　　　　　　　　　　D. 数据保密

17. 层次型、网状型和关系型数据库划分原则是（　　）。

A. 记录长度　　　　　　　　　　B. 文件的大小

C. 数据之间的联系　　　　　　　D. 数据之间联系的复杂程度

18. 关系的通俗解释是（　　　）。

A. 按行、列组织的数据集合，也称二维数据表

B. 按网状数据结构组织的数据集合

C. 按树形数据结构组织的数据集合

D. 按层次形数据结构组织的数据集合

19. 表（Table）也称关系（Relation）。关于"表"的叙述，不正确的是（　　　）。

A. 表由三部分内容组成：表名、列名集合（表的格式）及元组的集合

B. 称为关系的"表"中可以有一列包含几个子列的情况

C. 表中数据具有行位置无关性和列位置无关性

D. 表与关系是有细微差别的：关系不能有重复的元组，而表并不一定有此限制

20. 列也称字段、属性或数据项。关于"列"的叙述，不正确的是（　　　）。

A. 同一列中不能出现相同的列值

B. 以属性、属性名和属性值来表达列的有关信息

C. 表中的列是无序的，任何两列可以互换位置

D. 表的同一列包含同一类信息，列由列名和列值两部分构成

21. 关系可以通过给定表名和一组列名来定义，即定义其关系模式。关系模式还需要指定一个"关键字"属性，又称"码"属性。在关系模式中，如何选择关键字属性，下列说法中正确的是（　　　）。

A. 任意选择一个或多个属性作为关键字属性

B. 在关系的所有元组中不同取值的属性或属性组作为关键字属性

C. 选择用户在查询过程中最常使用的属性或属性组作为关键字属性

D. 选择数值类型的属性或属性组作为关键字属性

22. 有学生表 R(学号, 姓名, 性别, 出生年月), 关键字是"学号"；课程表 C(课程号, 课程名, 学时数), 关键字是"课程号"；则学习成绩表 SC(学号, 课程号, 成绩), 关键字是（　　　）。

A. 学号 　　　　　　　　　　　 B. 课程号

C. 学号, 课程号 　　　　　　　　 D. 成绩

23. 表达"从一个关系的所有行中提取出满足某些条件的行"的操作是（　　　）。

A. 联结⋈ 　　　　　　　　　　 B. 积×

C. 投影π 　　　　　　　　　　　 D. 选择σ

24. 表达"从一个关系的所有列中提取出某些列"的操作是（　　　）。

A. 积× 　　　　　　　　　　　　 B. 选择σ

C. 投影π 　　　　　　　　　　　 D. 联结⋈

25. 表达"将两个关系连接成一个较大的关系"的操作是（　　　）。

A. 并∪ 　　　　　　　　　　　　 B. 积×

C. 选择σ   D. 联结⋈

26. 表达"将两个关系按照某种条件连接成外一个关系"的操作是（   ）。

A. 并∪   B. 积×

C. 选择σ   D. 联结⋈

27. 表达"提取出既属于一个关系又属于另一关系的所有元组"的操作是（   ）。

A. 并∪   B. 交∩

C. 积×   D. 选择σ

28. 有关系 R 和 S，那么 $R∩S$ 的运算等价于（   ）。

A. $S-(R-S)$ B. $R-(R-S)$

C. $(R-S)∪S$ D. $R∪(R-S)$

29. 设关系 R 和 S 的属性个数分别为 m 和 n，则 $R×S$ 操作结果的属性个数为（   ）。

A. $m×n$ B. $m-n$

C. $m+n$ D. $\max(m, n)$

30. 设关系 R 和 S 的元组个数分别为 m 和 n，则 $R×S$ 操作结果的元组个数为（   ）。

A. $m+n$ B. $m-n$

C. $m×n$ D. $\max(m, n)$

31. 当一个查询涉及多个关系时，用关系运算表达查询，正确的是（   ）。

A. 先做笛卡儿积操作，再做选择操作，然后做投影操作

B. 先做选择操作，再做投影操作，然后做笛卡儿积操作

C. 先做投影操作，再做笛卡儿积操作，然后做选择操作

D. 先做笛卡儿积操作，再做投影操作，然后做选择操作

32. 当一个查询涉及两个关系 R_1、R_2 时，则用关系运算表达关于 R_1、R_2 的任意一个查询，正确的思路是（   ）。

A. $R_1 × R_2$

B. $\pi_\alpha(\sigma_F(R_1 × R_2))$，其中 F 是查询条件，α 是希望得到的列

C. $\sigma_F(\pi_\alpha(R_1 × R_2))$，其中 F 是查询条件，α 是希望得到的列

D. $\pi_\alpha(\sigma_F(R_1) × \pi_\alpha(\sigma_F(R_2))$，其中 F 是查询条件，α 是希望得到的列

33. 两个关系的模式（表头）相同且它们的元组数目都大于零，则进行下列（   ）操作结果关系的元组数目可能为零。

A. 关系的"并"   B. 关系的"差"

C. 关系的"交"   D. 关系的"差"和"交"

34. 对于关系 $R(A, B, C)$，与 SQL 语句

```
SELECT  DISTINCT  A  FROM  R  WHERE  B=17;
```

等价的关系代数表达式为（   ）。

A. $\pi_A(R)$ B. $\sigma_{B=17}(R)$

C. $\pi_A(\sigma_{B=17}(R))$ D. $\sigma_{B=17}(\pi_A(R))$

35. 对于关系 $R(A, B, C)$ 和 $S(B, C, D)$，下列关系代数表达式不成立的是（　　）。

A. $\pi_A(R) \bowtie \pi_D(S)$ B. $R \cup S$

C. $\pi_B(R) \cap \pi_B(S)$ D. $R \bowtie S$

36. 设 $W = R \bowtie S$，且 W、R 和 S 的元组个数分别为 p、m 和 n，那么三者之间满足（　　）。

A. $p < (m + n)$ B. $p \leq (m + n)$

C. $p < m \times n$ D. $p \leq m \times n$

37. 有三个关系 R、S 和 T 如下：

	R			S			T	
A	B	C	A	B	C	A	B	C
a	1	2	a	1	2	c	3	1
b	2	1	b	2	1			
c	3	1						

则由关系 R 和 S 得到关系 T 的操作是（　　）。

A. 自然连接 B. 差

C. 交 D. 并

38. 有关系 R 和 S 如下：

	R			S	
A	B	C	A	B	C
a	1	2	c	3	1
b	2	1			
c	3	1			

则由关系 R 得到关系 S 的操作是（　　）。

A. 选择 B. 投影

C. 自然连接 D. 并

39. 有两个关系 R 和 T 如下：

	R			S	
A	B	C	A		C
a	1	2	a		2
b	4	4	b		4
c	2	3	c		3
d	3	2	d		2

则由关系 R 得到关系 T 的操作是（　　）。

A．选择   B．交

C．投影   D．并

40．假定关系 R 和关系 S 的"笛卡儿积"为 T，属性个数分别为 m、n 和 k，下列说法中正确的是（   ）。

A．$k=m+n$

B．m 和 n 中去掉重复的属性构成 k

C．同时属于 m 和 n 的属性构成 k

D．T 的元组数=S 的元组数+R 的元组数

41．关系代数操作（   ）是"找出小于 50 岁年龄的教师姓名及其所讲授的课程名称"。

教师

姓名	年龄	系别
唐飞	39	计算机
王小栋	52	化学
陆非	43	外语
蒋涛	49	数学

授课

课名	姓名	总学时	学分
程序设计	王成	80	4
汇编语言	王成	80	4
应用化学	王小栋	60	3
英文阅读	陆非	60	3
高等数学	蒋涛	80	4
线性代数	蒋涛	40	2

A．$\pi_{\text{教师.姓名, 授课.课名}}(\sigma_{\text{年龄}<50}(\text{教师}\bowtie\text{授课}))$

B．$\sigma_{\text{教师.姓名, 授课.课名}}(\pi_{\text{年龄}<50}(\text{教师}\bowtie\text{授课}))$

C．$\pi_{\text{教师.姓名, 授课.课名}}(\sigma_{\text{年龄}<50}(\text{教师, 授课}))$

D．$\sigma_{\text{教师.姓名, 授课.课名}}(\pi_{\text{年龄}<50}(\text{教师, 授课}))$

42．下列关系代数操作（   ）是"找出'蒋涛'老师开设的所有课程"。

教师

姓名	年龄	系别
唐飞	39	计算机
王小栋	52	化学
陆非	43	外语
蒋涛	49	数学

授课

课名	姓名	总学时	学分
程序设计	王成	80	4
汇编语言	王成	80	4
应用化学	王小栋	60	3
英文阅读	陆非	60	3
高等数学	蒋涛	80	4
线性代数	蒋涛	40	2

A．$\sigma_{\text{教师}='蒋涛'}(\text{授课})$ B．$\pi_{\text{教师}='蒋涛'}(\text{教师})$

C．$\pi_{\text{教师}='蒋涛'}(\text{授课})$ D．$\pi_{\text{授课.课名}}(\sigma_{\text{教师}='蒋涛'}(\text{授课}))$

43．下列关系代数操作（   ）是"求总学时在 50 到 70 之间的课程"（∧表示同时，∨表示或者）。

教师		
姓名	年龄	系别
唐飞	39	计算机
王小栋	52	化学
陆非	43	外语
蒋涛	49	数学

授课			
课名	姓名	总学时	学分
程序设计	王成	80	4
汇编语言	王成	80	4
应用化学	王小栋	60	3
英文阅读	陆非	60	3
高等数学	蒋涛	80	4
线性代数	蒋涛	40	2

A. $\pi_{授课,课名}(\sigma_{总学时>50} \land \sigma_{总学时<70}(教师))$

B. $\pi_{授课,课名}(\sigma_{总学时>50} \lor \sigma_{总学时<70}(授课))$

C. $\pi_{总学时>50} \land \pi_{总学时<70}(授课)$

D. $\pi_{授课,课名}(\sigma_{总学时>50 \land 总学时<70}(授课))$

44. 已知关系：学生(学号, 姓名, 性别, 年龄 班号 系名)，课程(课程号, 课程名, 先修课号, 学分)，选课(课程号, 学号, 成绩)，下列关系代数操作（　　）是"表示查询年龄为 20 岁的学生姓名及年龄"。

A. $\pi_{姓名,年龄}(\sigma_{年龄=20}(学生))$　　　　B. $\sigma_{姓名,年龄}(\pi_{年龄=20}(学生))$

C. $\pi_{姓名,年龄}(学生)(\sigma_{年龄=20}(学生))$　　D. $\pi_{姓名,年龄}(学生)(\sigma_{年龄=20})$

45. 已知关系：学生(学号, 姓名, 性别, 年龄 班号 系名)，课程(课程号, 课程名, 先修课号, 学分)，选课(课程号, 学号, 成绩)，下列关系代数操作（　　）是"表示查询成绩在 90 分以上的学生姓名"。

A. $\pi_{成绩\geq90}(\sigma_{姓名}(选课\bowtie学生))$　　　B. $\sigma_{姓名}(\pi_{成绩\geq90}(选课\bowtie学生))$

C. $\pi_{姓名}(\sigma_{成绩>=90}(选课\bowtie学生))$　　D. $\pi_{姓名}(学生)(\sigma_{成绩\geq90}(选课)\bowtie学生)$

46. 已知关系：学生(学号, 姓名, 性别, 年龄 班号 系名)，课程(课程号, 课程名, 先修课号, 学分)，选课(课程号, 学号, 成绩)，下列关系代数操作（　　）是"表示查询没有选修 1 号课程的学生姓名"。

A. $\pi_{姓名}(学生)-\pi_{姓名}(\sigma_{课程号='1'}(选课\bowtie学生))$

B. $\sigma_{姓名}(学生)-\sigma_{姓名}(\pi_{课程号='1'}(选课\bowtie学生))$

C. $\pi_{姓名}-\pi_{姓名}(\sigma_{课程号='1'}(选课)\bowtie学生)$

D. $\sigma_{姓名}-\sigma_{姓名}(\pi_{课程号='1'}(选课)\bowtie学生)$

二、多选题

1. 与大数据密切相关的技术是（　　）。

A. 云计算的分布式处理和分布式数据库　B. 云存储和云计算

C. 博弈论　　　　　　　　　　　D. 虚拟化技术

2. 大数据应用需依托的新技术有（　　）。

A．大规模存储与计算　　　　　　B．数据分析处理

C．智能化　　　　　　　　　　　　D．蓝牙

3．关于为什么将大量的数据聚集成数据库，下列说法中正确的是（　　　）。

A．数据库中的数据可以实时共享

B．数据库管理系统可以管理和控制数据库中的数据，能够发挥聚集数据的效益

C．用户可以通过数据库管理系统能很方便地对数据库中的数据进行操控

D．数据库能体现大量数据之间的是相互关联性

4．关于数据库管理系统，下列说法中正确的是（　　　）。

A．数据库管理系统是管理数据库的一种系统软件

B．数据库管理系统是管理数据库的一种应用软件

C．数据库管理系统负责数据库中数据的组织、保护和各种操作

D．数据库管理系统是数据库系统的核心组成部分

5．从用户角度，数据库管理系统的基本功能是（　　　）。

A．数据库定义功能　　　　　　　B．数据库操纵功能

C．数据库控制功能　　　　　　　D．管理数据库应用程序

6．一般而言，数据库是指以"表"形式管理的数据的集合，数据库称为"相互有关联关系的数据的集合"。关于数据库关联性的体现，下列说法中正确的是（　　　）。

A．表是由行和列构成的，表中同一行中各列数据是有关联的，它们是关于同一个对象的不同特性的数据

B．表是由行和列构成的，表中同一列中各行数据是有关联的，它们是关于不同对象同一类特性的数据，表聚集了具有相同结构类型的若干个对象

C．表与表之间也是有关联的，可以由一类对象关联到另一类对象，如"学生"对象关联到"课程"与"成绩"对象等

D．表中不存在完全相同的两个记录/元组，它们是靠关键字来区分的

7．行也称元组或记录。关于"行"的叙述中正确的是（　　　）。

A．表中的每行都由若干属性值构成，刻画一个对象不同特性的信息

B．表中行的是无序的，任意两行可以互换位置

C．通常，表中有一个或多个属性的属性值，可以区分开表中的任意两行

D．表中不能出现完全相同的两行

8．关于数据库中"关系"的性质，下列叙述中正确的是（　　　）。

A．列是同质的，即同一列中的值取自于同一个值域；不同列的值也可以取自同一个值域，且列是原子属性

B．列的顺序可以任意交换，行的顺序可以任意交换

C．可以出现完全相同的两个元组

D．不同的列可以取相同的列名

9．关系数据库中的"码"或"关键字"，下列说法中错误的是（　　）。

A．能唯一决定关系的属性或属性组

B．能唯一决定关系的属性

C．能唯一区分每条记录的属性或属性组

D．能唯一区分每条记录的属性

10．对于关系的"并""差"和"交"三种操作，下列说法中错误的是（　　）。

A．都是针对两个关系进行的，且关系模式（表头）必须相同

B．都是针对两个关系进行的，而关系模式（表头）不必相同

C．都是针对一个关系进行的

D．三种操作对关系模式（表头）没有要求

11．假定关系 R 和关系 S "并"运算的结果为 T，3 个关系的元组个数分别是 m、n 和 k，则下列有可能成立的是（　　）。

A．$k \geq m$ 且 $k \geq n$　　　　　　　　B．$k = m$ 且 $k = n$

C．$k = m$ 且 $n = 0$　　　　　　　　D．$k = m + n$

12．对于两个关系的自然连接，下列说法中正确的是（　　）。

A．一般是按两个关系的主关键字相同进行连接

B．一般是按两个关系的一个或一组属性相同进行连接

C．两个关系没有相同的属性也能自然连接，连接的结果关系没有元组

D．两个关系中一定要有相同的属性才能自然连接

13．对于两个关系的条件连接，下列说法中正确的是（　　）。

A．两个关系中一定要有相同的属性

B．两个关系中不一定要有相同的属性或属性组

C．两个关系的属性或属性组之间要满足给定的条件

D．两个关系连接时可以不指定条件

三、判断题（正确的画✓，错误的画✗）

1．数据是信息的符号化表示，可以是计算机程序的代码。（　　）

2．能够被计算机接收、存储、加工、传递和展示的称为计算机的数据。（　　）

3．无法通过主流软件工具，在合理时间内达到获取、管理、处理、并整理出真正有意义的信息的数据称为大数据。（　　）

4．大数据需要新的处理模式，必须采用分布式架构，如云计算的分布式处理、分布式数据库和云存储，但不需要虚拟化技术。（　　）

5．大数据时代最大的转变就是放弃对因果关系的渴求，取而代之关注相关关系。也就是

说，只要知道"是什么"，而不需要知道"为什么"。（　　）

6．数据库是相互关联的、可共享的大量数据的集合。（　　）

7．二维表就是数据库。（　　）

8．数据库管理系统是数据库与应用程序之间的接口，是对数据库进行控制和管理的应用软件。（　　）

9．数据库系统包括计算机系统软硬件、数据库、数据库管理系统、数据库应用系统。（　　）

10．数据聚集成数据库只能用二维表的方式。（　　）

11．二维表组织数据的方式称为关系模式。（　　）

12．二维表的关键字是由一个属性组成的。（　　）

13．二维表中不存在完全相同的两个元组是因为关键字不同。（　　）

14．二维表中不同的列可以具有相同的值域。（　　）

15．二维表中关键字的选择是唯一的。（　　）

16．数据库中任意两个二维表都可以进行"并""交""差"操作。（　　）

17．数据库中任意一个二维表都可以进行"选择"和"投影"操作。（　　）

18．要使得数据库中的两个二维表进行自然连接的操作有意义（结果有元组），两个表中需要有相同的属性或属性组。（　　）

19．数据库中的两个二维表进行条件连接操作，两个表中必须有相同的属性或属性组。（　　）

20．关系操作的结果是关系。（　　）

21．SQL 是关系数据库的标准（通用）语言。（　　）

22．数据的聚集与管理是数据管理的最终目的。（　　）

23．通过数据分析可以挖掘蕴含在数据中的知识并运用到生产经营活动中。（　　）

24．数据挖掘又称资料勘探或数据采矿，是数据库知识发现中的一个步骤，简称 KDD。（　　）

25．数据处理的一般性思维是数据的"抽象""理论"和"设计"。（　　）

26．"设计"是"抽象"和"理论"的基础。（　　）

27．"理论"是理解→区分→命名→表达的过程。（　　）

28．"设计"是形式→构造→自动化的过程，也是计算思维最本质的东西。（　　）

四、填空题

1．_____是重要的生产力，因为其可以精确地描述事实，以量化的方式反映逻辑和理性。

2．_____也称巨量资料、海量数据，无法通过目前主流软件工具，在合理时间内达到获取、管理、处理、并整理出真正有意义的信息。

3.《大数据时代》一书中，大数据方法是指不用随机分析方法（抽样调查）这样的捷径，而采用_____的方法。

4. 大数据时代最大的转变就是，放弃对_____的渴求，而取而代之关注相关关系。

5. _____是有组织的、可共享的大量数据集合。

6. _____是对数据库进行控制和管理的系统软件。

7. 对数据库进行规划、设计、维护、监视的人员是_____。

8. 数据库管理系统是通过三类语言对数据库进行控制和管理的，它们是数据定义语言、数据操纵语言和_____。

9. 数据表（二维表）又称_____。

10. 由表名和属性名构成的表的结构，又称_____。

11. 能够区分二维表中每个元组、保证元组唯一性的称为_____。

12. 可以作为关键字的属性或属性组的称为_____。

13. 从一张表中选出部分属性构成一张新表的运算称为_____运算。

14. 从一张表中选出部分元组构成一张新表的运算称为_____运算。

15. 数据库研究者依据关系模型设计了一种类似英语的结构化的数据库语言：SQL，中文为_____语言。

16. 从大量的数据中通过算法搜索隐藏于其中信息的过程称为_____。

17. 数据处理的一般性思维有抽象、理论和_____。

18. _____是在具体事物中发现其本质性特征和方法的过程。

19. _____是对事物的规律进行严密化描述及论证的过程。

20. _____是构建计算系统的过程，是技术、原理在计算系统中实现的过程。

五、简答题

1. 简述数据库系统的构成。

2. 简述大数据的基本概念及其具体应用（至少 3 个例子）。

3. 简述关系的性质。

4. 简述数据挖掘概念。

5. 简述数据处理的一般性思维。

第 13 章

计算机网络、信息网络和互联网

13.1 知识点

一、社会生活中的各类网络

① 计算机网络（Computer Nerwork）实现了计算机与计算机之间的物理连接，实现了网络与网络之间的物理连接。

② 万维网（World Wide Web，WWW）以网页为中心的信息链接，实现了文档与文档之间的连接。

③ 物联网（Internet of Things）能够实现物体和人的连接，使人、机器、物体形成可互联的统一体

④ 虚拟网络（Virtual Network）是以数字信息构成的虚拟网络，也与现实生活中的网络不断交融，相互补充、相互影响、相互结合。

二、通信基础概念

1．信号（Signal）

① 信息（Information）是事物现象及其属性标识的集合，是对不确定性的消除。

② 数据（Data）是携带信息的载体。

③ 信号（Signal）是数据的物理表现，如电气或电磁。根据信号中代表消息的参数的取值方式不同，信号可以分为两大类。

❖ 模拟信号：连续信号，代表消息的参数的取值是连续的。

❖ 数字信号：离散信号，代表消息的参数的取值是离散的。

2．频率（Frequency）

物理学中的频率是单位时间内完成振动的次数，是描述振动物体往复运动频繁程度的量，人耳听觉的频率范围约为 20～20000 Hz。信号通信中的频率是描述周期性循环信号在单位时间内出现脉冲数量多少的计量。频率常用符号 f 或 v 表示，单位为赫兹（Hz）。

3．信号带宽（Signal Bandwidth）

信号带宽即信号频谱的宽度，是指信号中包含的频率范围，取值为信号的最高频率与最低频率之差。例如，对绞铜线为传统的模拟电话提供 300～3400 Hz 的频带，即电话信号带宽为 3400 Hz-300 Hz =3100 Hz。

4．信道带宽（Channel Bandwidth）

信道带宽是指信道上允许传输电磁波的有效频率范围。模拟信道的带宽等于信道可以传输的信号频率上限和下限之差，单位是 Hz。数字信道的带宽一般用信道容量表示，信道容量

是信道允许的最大数据传输速率，单位是比特/秒（bits/s，bps）。

5．数据传输速率

数据传输速率即单位时间内传输的位数：

$$R = \frac{\log_2 N}{T}$$

其中，R 为数据传输速率，T 为信号码元周期（秒），N 为信号码元状态数，也称相位数，则 $\log_2 N$ 为编码所需位数。

$1/T$ 称为波特率，也称为调制速率，是单位时间内信号码元的变换数，单位是波特（Baud）。

例如，在一个频带传输的数据通信系统中采用 16 相位调制编码，信号码元周期长度为 $1/3200$ s，求该系统的数据传输速率？

解：16 相位调制编码即有 16 种码元状态，需要 $\log_2 16 = 4\,\text{bit}$ 进行编码（8421BCD 码）。信号码元周期长度为 $1/3200$ s，波特率为 3200，即每秒调制 3200 个码元，故数据传输速率为

$$3200 \times 4 = 12800\ \text{kbps}$$

6．信源、信宿和信道

数据通信系统实现信息的传递，一个完整的数据通信系统可划分为三大组成部分：信源、信宿和信道。

① 信源：源系统，发送端、发送方。

② 信道：传输系统，传输网络。

③ 信宿：目的系统，接收端、接收方。

7．编码/解码

计算机网络的基础是通信。两台计算机若要进行通信，需要解决信息的发送、接收和转发问题，如果为计算机装载上能够完成上述功能的部件或者程序—被笼统地称为编解码器，就可以组成网络进行通信。网络通信的基本原理如图 13-1 所示。

8．模拟信号数字化

当代计算机系统基本上都是采用莱布尼兹二进制，信号只有经过离散数字化（模数转换）才能交由计算机系统做分析处理。模拟信号数字化必须经过三个过程，即采样、量化和编码，如实现话音数字化的脉冲编码调制（Pulse Coding Modulation，PCM）技术。

9．数字信号的编码和解码

在数字信道中传输计算机数据时，要对计算机中的数字信号重新编码进行基带传输，在基带传输中，数字信号的编码方式主要有不归零编码（Non-Return Zero Inverted Code，NRZI）、曼彻斯特编码、差分曼彻斯特编码等。

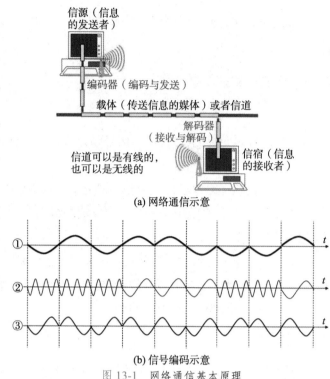

(a) 网络通信示意

(b) 信号编码示意

图 13-1 网络通信基本原理

10．基带信号和宽带信号

① 基带信号：由计算机或终端产生的数字信号，这种未经调制的信号所占用的频率范围叫基本频带简称基带。传送数据时，以原封不动的形式把基带信号送入线路，称为基带传输。

② 宽带信号：计算机网络中宽带这个术语专门用于使用传输模拟信号的同轴电缆，宽带传输系统是模拟信号传输系统。

③ 频带传输：在计算机的远程通信中，是不能直接传输原始的电脉冲信号的（也就是基带信号）。因此就需要利用频带传输，就是用基带脉冲对载波波形的某些参量进行控制，使这些参量随基带脉冲变化，这就是调制。

11．数字信号的调制与解调

调制是将各种数字基带信号转换成适合信道传输的数字调制信号（已调信号或频带信号），如图 13-2 所示。

① 调幅（AM）：载波的振幅随基带数字信号而变化。例如，0 对应无载波输出，而 1 对应有载波输出。

② 调频（FM）：载波的频率随基带数字信号而变化。例如，0 对应频率 f_1，而 1 对应频率 f_2。

③ 调相（PM）：载波的初始相位随基带数字信号而变化。例如，0 对应相位 0 度，而 1 对应相位 180 度。

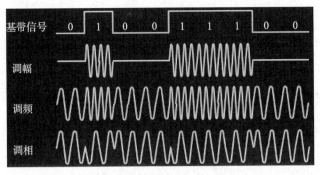

图 13-2　基带信号的调制

解调是调制的逆过程。

12．存储/转发

在数据通信中，数据交换方式主要包括电路交换（Circuit Switching）和存储交换两类。其中，存储交换又分为报文交换（Message Switching）和分组交换（Packet Switching）两种。

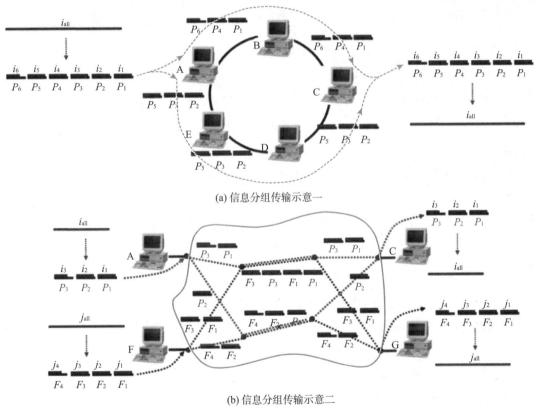

(a) 信息分组传输示意一

(b) 信息分组传输示意二

图 13-3　分组交换

① 电路交换：又称线路交换，是面向连接的，在通信子网中建立一个实际的物理线路连接。电路交换分为三个阶段：建立连接→通信→释放连接。

② 报文交换：基本思想是先将用户的报文存储在交换机的存储器中，当所需的输出电路空闲时，再将该报文发向接收交换机或用户终端。

③ 分组交换：非常像报文交换，但规定了交换机处理和传输的数据长度（称为分组），不同用户的数据分组可以交织地在网络中的物理链路上传输，是目前应用最广的交换技术。

报文交换技术和分组交换技术都采用存储转发机制。

13．网络的拓扑结构

网络拓扑结构是指用传输媒体互连各种设备的物理布局，即用什么方式把网络中的计算机等设备连接起来。

网络的拓扑结构可分为环形网络、星型网络、总线型网络。

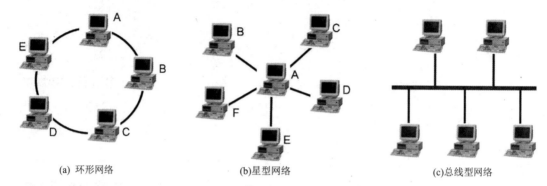

(a) 环形网络　　　　　　　　　(b)星型网络　　　　　　　　(c)总线型网络

图 13-4　计算机网络的基本拓扑结构

① 环形网络：传输媒体从一个端用户到另一个端用户，直到将所有端用户连成环型。环形结构的特点是，每个端用户都与两个相邻的端用户相连，因而存在着点到点链路，并以单向方式操作。

② 星型结构网络：便于集中控制，因为端用户之间的通信必须经过中心站。中心系统必须具有极高的可靠性，因为一旦被损坏，整个系统便趋于瘫痪。

③ 总线结构网络：使用同一媒体或电缆连接所有端用户的一种方式，也就是说，连接端用户的物理媒体由所有设备共享。

14．网络协议

协议是为交流信息的双方能够正确实现信息交流而建立的一组规则、标准或约定。网络协议主要由以下三要素组成。

① 语法：数据与控制信息的结构或格式。

② 语义：需要发出何种控制信息，完成何种动作以及做出何种应答。

③ 同步：事件实现顺序的详细说明。

15．计算机网络的体系结构

1983 年，国际标准化组织（ISO）形成了标准的网络体系结构，称为开放系统互连参考模型（Open System Interconnection Reference Model，OSI/RM）。OSI/RM 定义了网络的七层结构，自低向高依次为物理层、数据链路层、网络层、传输层、会话层、表示层和应用层，并为每层都定义了协议，如图 13-5 所示。

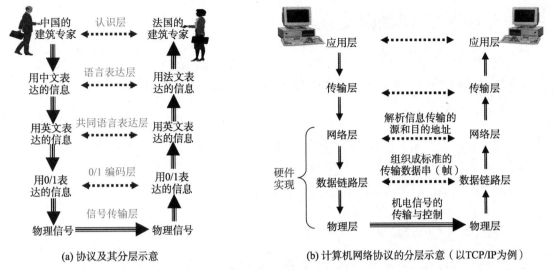

(a) 协议及其分层示意   (b) 计算机网络协议的分层示意（以TCP/IP为例）

图 13-5 计算机网络协议及分层

① 物理层：提供为建立、维护和拆除物理链路所需的机械的、电气的、功能的和规程的特性，涉及物理链路上传输非结构的位流和故障检测指示。

② 数据链路层：在网络层实体间提供数据发送和接收的功能和过程，提供数据链路的流控。

③ 网络层：控制分组传输系统的操作、路由选择、用户控制、网络互连等功能，其作用是将具体的物理传输对高层透明。

④ 传输层：提供建立、维护和拆除传输连接的功能，选择网络层提供最合适的服务，在系统之间提供可靠的透明的数据传输，提供端到端的错误恢复和流量控制。

⑤ 会话层：提供两进程之间建立、维护和结束会话连接的功能，提供交互会话的管理功能，如三种数据流方向的控制，即一路交互、两路交替和两路同时会话模式。

⑥ 表示层：代表应用进程协商数据表示，完成数据转换、格式化和文本压缩。

⑦ 应用层：提供 OSI 用户服务，如事务处理程序、文件传输协议和网络管理等。

16．通信方式

① 单工方式：单向传输。

② 半双工方式：轮流在两个方向上传输。

③ 全双工方式：双向同时传输。

17．信道复用技术

在解决了编码 - 发送 - 接收 - 解码 - 转发等基本通信问题后，还需要解决不同大小的信息如何高效率地利用信道传输的问题。此时化整为零和还零为整（分组交换）、同一信道上不同来源信息的混合传输（多路复用）等思维很重要。

基本的复用技术分为频分复用（Frequency Division Multiplexing，FDM）、波分复用（Wavelength Division Multiplexing，WDM）和时分复用（Time Division Multiplexing，TDM）等。

三、网络抽象与基本网络计算问题

1．网络建模方法——图

图以一种抽象的形式来表示若干对象的集合以及这些对象之间的关系。

2．网络中的基本问题

① 路径：一个节点序列的集合，序列中任意两个相邻节点都有一条边相连。

② 连通图：图中任两点间有路相通。

③ 网络的距离：图中两节点间的最短路径长。

四、计算机组网与连接

① 局域网是在一个有限地理范围内各种计算机及外部设备通过传输媒介连接起来的通信网络，可以包含一个或多个子网，通常局限在几千米的范围内。

② 广域网是由相距较远的计算机通过公共通信线路互联而成的网络，范围可覆盖整个城市、国家甚至整个世界。

③ 互联网是通过专用设备而连接在一起的若干网络的集合。

④ 无线网是利用无线电波作为信息传输媒介的网络。目前，主流的无线网络分为手机无线网络和无线局域网

五、因特网和 TCP/IP

1．TCP/IP

TCP/IP 是一个协议族，分为 4 层：应用层、传输层、网络互联层和网络接口层。

应用层包含所有的高层协议，如文件传输协议 FTP、虚拟终端协议 TELNET、电子邮件协议 SMTP、域名系统 DNS、网络管理协议 SNMP、访问 WWW 站点的 HTTP 等。在进行 Internet 接入或者利用 Internet 的服务时，会经常遇到这些协议名称。通常，不同协议能提供的服务也不同。

传输层负责在源主机和目的主机的应用程序间提供端到端的数据传输服务，其中之一就是 TCP（Transaction Control Protocol，传输控制协议），规定了一种可靠的数据信息传递服务。

网络互联层负责将一个数据分组（简称分组）独立地从信源传输到信宿，是 TCP/IP 的核心，称为 IP（Internet Protocol）。IP 重要的一点就是需要一个地址，即 IP 地址。

网络接口层负责将网络互联层产生的分组（简称 IP 分组）封装并在不同的网络上传输。

2．因特网（Internet）

因特网又称为国际互联网，是世界上最大的互联网。

3．IP 地址

IP 地址就是给每个连接在 Internet 上的主机分配一个唯一的 32 位二进制位的地址，每个地址都由网络号和主机号组成，一般书写成用".".分隔的 4 个十进制数。

例如，IP 地址 10000000 00001011 00000011 00011111 可以记为 128.11.3.31。

4．域名系统

域名系统（Domain Name System，DNS）是将域名转换成计算机 IP 地址的软件系统。

5．URL

URL（Uniform Resource Locators 的缩写，统一资源定位符）是定位 Web 上信息的一种方式。如果用户希望访问某台 WWW 服务器中的某页面，只要在浏览器中输入该页面的 URL 地址，就可以方便地浏览到该页面。

一般 URL 语法为：

```
<URL 种类>://<user>:<password>@<host>:<port>/<url-path>
```

例如

```
http://www.nuaa.com
ftp://ftp.nuaa.edu.cn
```

6．HTTP

HTTP（HyperText Transfer Protocol，超文本传输协议）为 URL 类别中最主要的一种，是 WWW 中对于 Hypertext（或 Hypermedia）资料的传输协定。

WWW 服务器所存储的页面内容是用 HTML（HyperText Markup Language，超文本标记语言）格式书写的，通过 HTTP 传输给用户。

7．文件传输（FTP）

FTP（File Transfer Protocol，文件传输协议）可以将各类文件存放于服务器上，用户可以通过 FTP 客户程序连接 FTP 服务器，然后利用 FTP 工具进行文件的"下载"或"上传"。

8．电子邮件（E-mail）

电子邮件的英文名称为 Electronic Mail，简记为 E-mail，是 Internet 上使用最频繁、应用范围最广（无所不在的）的一种服务。E-mail 的优点如下。

① 速度快：电子邮件的首要优点是速度快。一般情况下，发送的邮件快则几分钟、慢则几个小时后就会到达对方。

② 异步传输：电子邮件以异步方式进行邮件传输，也就是说，即使用户发送消息的目的地的用户不在，也可以发送邮件给他。

③ 广域性：由于 E-mail 系统具有开放性，使得许多非 Internet 计算机网络的用户可以通过一些称为网关的计算机与 Internet 上的用户交换电子邮件。

④ 费用较低：电子邮件传输信息的费用比其他方法包括传真、电话和通过邮局传输邮件

的费用要低。

六、信息网络

1．万维网（WWW）

万维网是由路由技术实现的信息网络，不仅可以展现传统文本与多媒体，还可展现非线性组织的超文本和超媒体。

WWW 起源于 1989 年 3 月，由欧洲量子物理实验室 CERN（European Laboratory for Particle Physics）提出的主从（C/S）结构分布式超媒体系统。WWW 系统整理和储存各种 WWW 资源，并响应客户端软件的请求，把客户所需的资源传输到用户平台上。

2．超文本

超文本和超媒体是 WWW 的信息组织形式。传统文本是以线性方式组织的，而超文本是以非线性即将文本中的一些相关内容通过超链接组织在一起，用户在浏览文本信息时随时可以选中其中的超链接，跳转到指定位置访问相关信息，便于用户浏览。

3．超文本标记语言（HTML）

HTML 是一种适合网页编写并进行机器展现的标记语言。HTML 中的标记主要有两类：一类是关于格式处理方面的标记；另一类是关于链接的标记。

4．可扩展标记语言（XML）

XML（eXtesible Markup Language）也是互联网上经常使用的一种标记语言，主要用于不同系统之间的信息交换。

5．搜索引擎

搜索引擎（Search Engine）是指根据一定的策略、运用特定的计算机程序从互联网上搜集信息，在对信息进行组织和处理后，为用户提供检索服务，将用户检索相关的信息展示给用户的系统。

搜索引擎简单来讲可分为两类：一类是目录引擎，仅是按目录分类的网站链接的列表，如 Yahoo 等，另一类是通过互联网提取各网站的信息来建立自己的数据库，并向用户提供搜索查询服务，如 Google 等。

七、互联网与"互联网+"——层出不穷的创新

1．互联网+

通俗讲，"互联网+"就是"互联网+各行业"，即利用互联网创新思维、互联网技术及平台，让互联网与传统行业深度融合，改造传统行业，提升传统行业的竞争力。

2．云计算（Cloud Computing）

云计算是一种商业计算模型，将计算任务分布在大量计算机构成的资源池上，使各种应用系统能够根据需要来获取计算力、存储空间和信息服务。云计算通过网络按需提供可动态伸缩的廉价计算服务。

云计算的特点为：超大规模、虚拟化、高可靠性、通用性、高可伸缩性、按需服务、极其廉价。

3．大数据（BigData）

大数据是指海量数据或巨量数据，其规模巨大到无法用当前主流的计算机系统在合理时间内获取、存储、管理、处理并提取。

从技术上，大数据与云计算的关系就像一枚硬币的正反面一样密不可分。大数据必然无法用单台的计算机进行处理，必须采用分布式计算架构。大数据的特色在于对海量数据的挖掘，因此必须依托云计算的分布式处理、分布式数据库、云存储和虚拟化技术。

13.2 练习题

一、单选题

1．信息的发送者、接收者和传输媒体在计算机网络中分别被称为（　　）。

A．信源、信宿和信道　　　　　　B．信宿、信源和信道

C．信道、信源和信宿　　　　　　D．信道、信宿和信源

2．要实现网络通信，首先需要解决信息（　　）问题。

A．编码　　　　　　　　　　　　B．量化

C．压缩　　　　　　　　　　　　D．解码

3．图 13-6 给出了用不同信号表达 0 和 1 的方法。①、②、③都是连续信号，即用不同频率的不同波形表达 0 和 1，随时间发送不同波形，即传输一串 0 和 1，那么①、②、③传输的信息分别是（　　）。

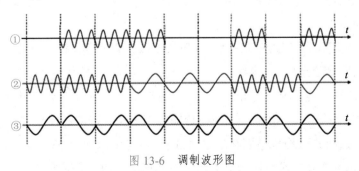

图 13-6　调制波形图

A．100011010，111000110，101001100

B. 010101001，000101011，010110011

C. 011100101，000111001，101001100

D. 010111010，000111001，010101011

4. 图 13-6 中，②表示的 0 信号的频率是表示 1 信号频率的（　　）。

A. 1 倍
B. 2 倍

C. 3 倍
D. 0.5 倍

5. 传输速率的单位"bps"代表（　　）。

A. bytes per second
B. bits per second

C. baud per second
D. billion per second

6. 图 13-6 中给出了用不同信号表达 0 和 1 的方法，③是用（　　）表达 0 和 1。

A. 信号波形的不同频率
B. 信号波形的不同相位

C. 不同的数字电平
D. 信号波形的不同长度

7. 多台计算机两两相连组成一闭合的环路，数据沿环路传输。环上的一台计算机既能发送信息（信源），又能接收信息（信宿），还能接收再转发信息。为了提高环的可靠性，可以采用双环结构。这被称为（　　）网络。

A. 环形
B. 星型

C. 总线型
D. 网状

8. 图 13-7 中的计算机 a 要给 d 传输信息，则其传输过程描述中正确的是（　　）。

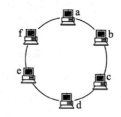

图 13-7　单选题 8 的图

A. 计算机 a 编码信号并发送到信道，计算机 d 从信道接收信号并解码

B. 计算机 a 编码信号并发送到信道，计算机 b 接收并解码信号、再转发信号（重新编码并发送到信道），计算机 c 接收 – 解码并转发，最后计算机 d 从信道接收信号并解码，获取到信息

C. 计算机 a 编码信号并发送到信道，计算机 e 接收并转发，计算机 d 从信道接收信号并解码，获取到信息

D. 上述 B、C 在一定规则下是正确的：B 在具有 a→b→c→d→e→a 环路传输规则下是正确的，C 在 a→e→d→c→b→a 环路传输规则下是正确的；B 和 C 在双环路传输规则下都是正确的。这些传输规则是由网络上的编解码器执行的

9. 网络的节点有主从之分，各从节点之间不能直接通信，必须经主节点（或称中心节点）转接。因此，网络中的所有传输的信息都流经中心节点，中心节点的可靠性基本上决定了整

个网络的可靠性。这被称为（　　　）网络。

A．环形 　　　　　　　　　　　　B．总线型

C．星型 　　　　　　　　　　　　D．网状

10．如图 13-8 所示，计算机 e 要给 d 传输信息，则其传输过程中描述正确的是（　　　）。

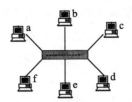

图 13-8　单选题 10 的图

A．计算机 e 编码信号并发送到信道，计算机 a 接收并解码信号、再转发信号（重新编码并发送到信道），计算机 d 从信道接收信号并解码，获取到信息

B．计算机 e 编码信号并发送到信道，计算机 a 接收并解码信号、再转发信号（重新编码并发送到信道），计算机 b、c、d、e、f 都可接收并解码信号，但只有计算机 d 从信道接收信号并解码，获取到信息

C．计算机 a 可以对任何其他两台计算机之间的数据传输进行控制，如进行过滤、中转存储、传输权限限制等

D．上述 A、B、C 项在一定传输规则下都是正确的。这些传输规则是由网络上的编解码器执行的

11．多台计算机以同等地位连接到一标准的通信线路上组成网络，一台计算机既可以是信源，也可以是信宿；既可以发送信息，又可以接收信息，还可以接收再发送信息。这被称为（　　　）网络。

A．环形 　　　　　　　　　　　　B．总线型

C．星型 　　　　　　　　　　　　D．网状

12．不同网络结构既体现为网络中计算机之间有不同的连接方式，又体现为网络中计算机传输信息时所遵从的不同规则，这些规则被称为（　　　）。

A．拓扑结构 　　　　　　　　　　B．协议

C．分组交换 　　　　　　　　　　D．编解码器

13．网络协议主要要素为（　　　）。

A．数据格式、编码、信号电平 　　B．数据格式、控制信息、速度匹配

C．语法、语义、定时 　　　　　　D．编码、控制信息、定时

14．网络协议中规定通信双方要发出什么控制信息，执行的动作和返回的应答的部分称为（　　　）。

A．语法部分 　　　　　　　　　　B．语义部分

C．定时关系 　　　　　　　　　　D．以上都不是

15. 在计算机网络中，为了使计算机或终端之间能够正确传输信息，所有编解码器（包括硬件形式的和软件形式的）都必须按照（   ）来相互通信。

A．协议 B．网卡

C．传输装置 D．信息交换方式

16. 国际标准化组织的英文简称为（   ）。

A．ISO B．OSI

C．ICP D．CCITT

17. 物理层的作用是（   ）。

A．传输数据帧。所谓帧，即一种信息包

B．机电信号的传输与控制

C．解析信息传输的源和目的地址

D．整个消息的进程到进程的传

18. 数据链路层的作用是（   ）。

A．传输数据帧。所谓帧，即一种信息包

B．机电信号的传输与控制

C．解析信息传输的源和目的地址

D．整个消息的进程到进程的传输

19. 网络层的作用是（   ）。

A．传输数据帧。所谓帧，即一种信息包

B．机电信号的传输与控制

C．解析信息传输的源和目的地址

D．整个消息的进程到进程的传输

20. 传输层的作用是（   ）。

A．传输数据帧，所谓帧，即一种信息包

B．机电信号的传输与控制

C．解析信息传输的源和目的地址

D．整个消息的进程到进程的传

21. 如图 13-9 所示，"不同大小的信息如何高效率地利用信道传输"问题的一种解决方案，该方案包括了一些基本的过程，下列说法中正确的是（   ）。

A．信息拆分过程：将任意大小的信息拆分成等长的信息段，并记录信息段的衔接次序，以便还原；包装过程：将每个信息段进行封装，形成一个个信息包。信息包中除了信息段本身，还包括如收发计算机的地址等信息

B．传输过程：将信息包按照网络连接关系，一个个经由编码 - 发送 - 接收 - 解码 - 转发，由源计算机传输到目的计算机

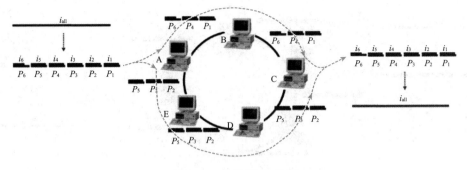

图 13-9　单选题 21 的图

C．信息还原过程：将信息包还原成信息段，再按信息段的衔接次序还原成最终的信息

D．该方案由以上 A、B、C 三个基本过程构成，这三个基本过程可能反复使用，如小信息包再封装成大信息包，这三个过程如何组合使用依赖于网络传输的不同规则

22．根据图 13-10，"不同大小的信息如何高效率地利用信道传输"问题的一种解决方案，该方案包括了一些基本的过程，下列说法中正确的是（　　　）。

A．信息拆分过程□包装过程□传输过程□信息还原过程

B．待传输信息被拆分成信息段，包装信息段成信息包，发送－传输－接收信息包，还原信息包为信息段，还原多个信息段为传输的信息

C．前述 A、B 是相同工作的不同说法，这些基本过程可能反复使用，但这些过程如何组合使用依赖于网络传输的不同规则，即网络协议

D．前述 A、B 是相同工作的不同说法，可以完成信息的传输

23．根据图 13-10，信息 i_{all} 被分成等长的信息段 i_k（$k=1,2,\cdots,n$），对每个信息段再重新封装（增加诸如地址、标识、次序等信息），形成新的信息包 p_k（$k=1,2,\cdots,n$）。关于信息 i_{all} 的传输，下列说法中不正确的是（　　　）。

A．信息 i_{all} 的不同的信息包可以经由固定的路径由源计算机传输到目的计算机，所有信息包到达目的地后，再依据其本身所携带的标识和次序信息还原成信息 i_{all}

B．信息 i_{all} 的不同的信息包可以经由不同的路径进行传输，所有信息包到达目的地后，再依据其本身所携带的标识和次序信息还原成信息 i_{all}

C．信息 i_{all} 的不同的信息包由源计算机被直接传输到目的计算机，所有信息包到达目的地后，再依据其本身所携带的标识和次序信息还原成信息 i_{all}

D．信息 i_{all} 的不同的信息包在由源计算机被传输到目的计算机的过程中，可能还要被包装，包装后再传输。所有信息包到达目的地后，再依据其本身携带的标识和次序信息还原成信息 i_{all}

24．关于实施分组信息交换技术需要解决什么问题，下列说法中正确的是（　　　）。

A．信息拆分标准及拆分信息时形成信息段的次序

B．封装标准，即将哪些信息与信息段一起被封装成信息包，如信息的标识、信息段的次序、传输信息段的目的地等

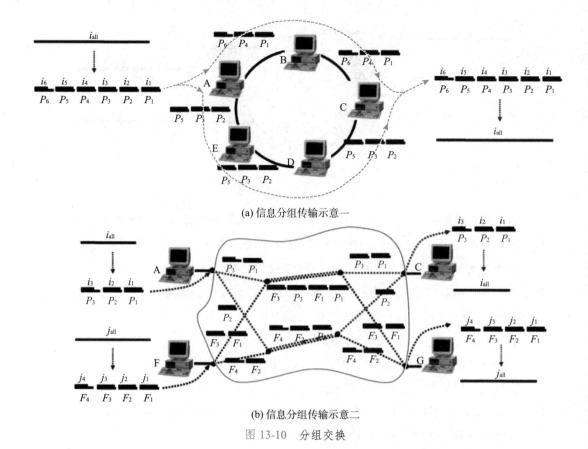

(a) 信息分组传输示意一

(b) 信息分组传输示意二

图 13-10　分组交换

C．信息传输的路径选择问题，信息包及信息传输的正确性判断问题

D．上述说法均正确

25．将用户发来的整个信息切成若干长度一定的数据块，然后以存储转发方式在网络上传输的数据交换技术是（　　）。

A．电路交换　　　　　　　　　　B．报文交换

C．分组交换　　　　　　　　　　D．底层交换

26．允许数据在两个方向上传输，但某时刻只允许数据在一个方向上传输，这种方式称为（　　）。

A．单工　　　　　　　　　　　　B．并行

C．半双工　　　　　　　　　　　D．全双工

27．在同一时刻同一信道上，通信双方可以同时双向传输数据的通信方式是（　　）。

A．单工　　　　　　　　　　　　B．半双工

C．全双工　　　　　　　　　　　D．以上都不是

28．关于局域网和广域网，下列说法中正确的是（　　）。

A．因为需要建设高速传输媒介，所以局域网通常局限在几千米范围之内

B．公共通信线路铺设到哪里，广域网就可以覆盖到哪里；互联网可以将局域网和广域网

连接在一起

C．国际互联网是由广域网连接的局域网的最大的集合

D．上述说法均正确

29．现实生活中，我们经常说的 4G 网络、5G 网络属于（　　）。

A．局域网　　　　　　　　　　B．无线网

C．广域网　　　　　　　　　　D．无线网和广域网

30．现实生活中，我们经常说的 Wi-Fi、蓝牙 BlueTooth 等属于（　　）。

A．局域网　　　　　　　　　　B．无线网

C．局域网和无线网　　　　　　D．广域网和无线网

31．以下网络不属于 LAN 的是（　　）。

A．以太网　　　　　　　　　　B．令牌环网

C．令牌总线网　　　　　　　　D．公用电话网

32．局域网是将小区域范围内的计算机及各种通信设备连接在一起的通信网络。下列关于局域网特性的描述中，正确的是（　　）。

A．局域网具有大范围、高数据率、高误码率的特性

B．局域网具有大范围、低数据率、低误码率的特性

C．局域网具有小范围、高数据率、高误码率的特性

D．局域网具有小范围、高数据率、低误码率的特性

33．组建一个星型网络通常比组建一个总线型网络昂贵，是因为（　　）。

A．星型集线器非常昂贵

B．星型网络在每根电缆的末端需要昂贵的连接头

C．星型网络接口卡比总线行接口卡昂贵

D．星型网络较之总线型网络需要更多的电缆

34．如果将一个建筑物中的几个办公室进行联网，通常采用的方式是（　　）。

A．互联网　　　　　　　　　　B．局域网

C．城域网　　　　　　　　　　D．广域网

35．广域网一般采用（　　）拓扑结构，该构型的系统可靠性高，但是结构复杂。

A．星型　　　　　　　　　　　B．总线型

C．环形　　　　　　　　　　　D．网状

36．下列关于调制和编码的说法中，正确的是（　　）。

A．模拟数据适合调制成模拟信号进行传输

B．数字数据适合编制成数字信号进行传输

C．无论模拟或数字数据，都可以既用模拟信号传输，又用数字信号传输

D．调制是将模拟数据变化成模拟信号的方法，编码是将数字数据变换成数字信号的方法

37. 以下网络不属于 WAN 的是（　　）。

A．DDN 专线　　　　　　　　　　B．令牌环网

C．综合业务数字网　　　　　　　　D．公用电话网

38. DDN 和 ISDN 都属于数据通信网，它们的中文名称分别是（　　）。

A．数字数据网和综合业务数字网

B．数字数据网和帧中继网

C．分组交换网和综合业务数字网

D．帧中继网和分组交换网

39. 要在某房间的两台计算机之间实现网络通信，下列方法不可行的是（　　）。

A．利用一条双绞线将两台计算机的网卡直接相连

B．两台计算机通过调制解调器，接入公共电话网

C．两台计算机接入同一个集线器

D．利用一条电话线将两台计算机的网卡直接相连

40. 下列关于路由器的论述中，不正确的是（　　）。

A．路由器能够将不同类型的网络连接起来

B．路由器具有路由功能，能够选择节点间的最近、最快的传输路径

C．路由器只能够将具有相同传输速率的网络连接起来

D．路由器能够按照数据包的目的地址将来自某网络的数据正确地转发至另一个网络

41. 在网络中，可以连接不同的传输速率还能选择出网络两节点间的最近、最快传输路径的硬件是（　　）。

A．路由器　　　　　　　　　　　　B．集线器

C．中继器　　　　　　　　　　　　D．网卡

42. 不同网络能够互联依靠的核心专用设备是（　　）。

A．网络接口卡　　　　　　　　　　B．集线器

C．路由器　　　　　　　　　　　　D．服务器

43. 关于接入因特网的方式，下列说法中正确的是（　　）。

A．可以通过网卡和双绞线接入任何一个单位的局域网，进而接入因特网

B．可以通过电话线和调制解调器接入公用电话网络，进而接入因特网；可以通过电信部门提供的 ADSL 线路接入因特网

C．可以通过无线设备接入电信部门网络或邻近的局域网，进而接入因特网

D．上述方法只是物理连接，还需要获得相关 ISP 的授权，或者相关局域网/广域网管理者的授权

44. 接入因特网的方式多种多样，一般通过提供因特网接入服务的（　　）接入因特网。

A．局域网　　　　　　　　　　　　B．广域网

C. WWW
D. ISP

45. 下列说法中错误的是（　　）。

A. 服务器通常需要强大的硬件资源和高级网络操作系统的支持

B. 客户通常需要强大的硬件资源和高级网络操作系统的支持

C. 客户需要主动的与服务器联系才能使用服务器提供的服务

D. 服务器需要经常的保持在运行状态

46. 局域网与广域网、广域网与广域网的互联时，采用的网络设备是（　　）。

A. 服务器
B. 网桥

C. 路由器
D. 交换机

47. 关于因特网，下列说法中正确的是（　　）。

A. 因特网是世界范围内最大的互联网络，是由广域网连接起来的局域网的最大集合

B. 因特网是一种技术，包括 TCP/IP 协议族和执行 TCP/IP 协议族的路由器，基于这种技术可以将多个网络互联起来

C. 因特网是一个组织体系，由各层次的 ISP（Internet Service Provider）组成

D. 上述说法均正确

48. 在 TCP/IP 层次模型中，IP 层相当于 OSI/RM 的（　　）。

A. 物理层
B. 链路层

C. 网络层
D. 传输层

49. TCP/IP 体系结构中的 TCP 和 IP 提供的服务分别为（　　）。

A. 链路层服务和网络层服务
B. 网络层服务和运输层服务

C. 传输层服务和应用层服务
D. 传输层服务和网络层服务

50. IP 地址采用分段地址方式，长度为 4 字节，每字节对应一个（　　）进制数。

A. 二
B. 八

C. 十
D. 十六

51. 下面属于 A 类 IP 地址的是（　　）。

A. 61.11.68.1
B. 128.168.119.102

C. 202.199.15.32
D. 294.125.13.1

52. 在 Internet 中，IPv6 的 IP 地址由（　　）位二进制数组成。

A. 16
B. 32

C. 64
D. 128

53. 下列关于 DNS 域名服务协议的说法中，正确的是（　　）。

A. 提供从 IP 地址到物理地址的转换
B. 提供从物理地址到域名的转换

C. 提供从域名到物理地址的转换
D. 提供从域名到 IP 地址的转换

54. URL 是指（　　）。

A．统一资源定位器 B．超文本标识语言

C．传输控制协议 D．邮件传输协议

55．URL 由（　　）组成。

A．协议、域名、路径和文件名 B．协议、WWW、HTML 和文件名

C．协议、文件名 D．Web 服务器和浏览器

56．关于 URL 的作用，下列说法中不正确的是（　　）。

A．依据它，可以定位网络上任一计算机上的任一类型的文件

B．依据它，可以确定任一类型文件的传输与解读规则

C．通常用于 TCP/IP 的应用层

D．URL 组成中的端口号不能省略

57．下列不属于应用层协议的是（　　）。

A．FTP B．HTTP

C．SMTP D．TCP

58．FTP 是 Internet 常用的应用层协议，通过（　　）提供服务，是基于 C/S 结构通信的。

A．TCP B．UDP

C．IP D．DHCP

59．对于电子邮件，下列说法中错误的是（　　）。

A．电子邮件是因特网上提供的一项最基本的服务

B．通过电子邮件可以在世界上的任何一个电子邮件用户传输信息

C．只可以发送文本文件

D．收件人必须有自己的电子邮件账号

60．通常，在 Internet 上用于收发电子邮件的协议是（　　）。

A．TCP/IP B．IPX/SPX

C．SMTP/POP3 D．NetBEUI。

61．计算机 A 与 B 之间的网络连接的传输速率是 1 kbps，计算机 A 要传输一个大小为 4000 字节的文件，每个分组的大小为 100 字节，其中 20 字节为分组头部信息（存储发送地址等）。假定发送两个分组之间不需要等待，那么计算机 A 需要（　　）将该文件全部发出。

A．50 秒 B．40 秒

C．32 秒 D．4 秒

62．计算机 A 与 B 之间的网络连接的传输速率是 1 kbps，计算机 A 要传输一个大小为 4000 字节的文件，每个分组的大小为 100 字节，其中 20 字节为分组头部信息（存储发送地址等）。假定计算机 A 发送每个分组前需要 0.2 秒对其进行封装等准备工作，那么计算机 A 需要（　　）将该文件全部发出。

A．50 秒 B．40 秒

C. 32 秒　　　　　　　　　　　　　　D. 4 秒

63. WWW 的全称为（　　）。

A. World Wide Wait　　　　　　　　B. Wide World Wait

C. World Wide Web　　　　　　　　D. Wide World Web

64. 与大数据密切相关的技术是（　　）。

A. 蓝牙　　　　　　　　　　　　　B. 云计算

C. 博弈论　　　　　　　　　　　　D. Wi-Fi

65. 大数据应用需依托的新技术有（　　）。

A. 大规模存储与计算　　　　　　　B. 数据分析处理

C. 智能化　　　　　　　　　　　　D. 前三个选项都是

二、多选题

1. 通常，下列有关信源和信宿具有的功能叙述中，正确的是（　　）。

A. 调制信号，即将由 0、1 串表达的信息转换成不同波形不同频率的信号，并将信号发送到信道上，即产生并发送信号

B. 从信道上获取不同波形不同频率的信号，即接收信号。信号解调，即将不同波形不同频率的信号转换成 0、1 串

C. 直接发送和接收 0、1 信号串

D. 由于噪声的存在，信源发出的信号可能会发生畸变

2. 属于数据线路的通信方式的有（　　）。

A. 单工通信　　　　　　　　　　　B. 半双工通信

C. 全双工通信　　　　　　　　　　D. 数字通信

3. 有关不同拓扑结构的网络及其特点，下列说法中正确的是（　　）。

A. 不同拓扑结构的网络，传输信息的速度和质量是相同的

B. 对于环形网络，数据沿环传输给相邻近的计算机；为了提高环的可靠性，可以采用双环结构，即数据沿环传输给与其相连接的左右两台计算机

C. 星型网络中传输的所有信息都流经中心节点，中心节点瘫痪，整个网络即瘫痪

D. 对于总线型网络，一台计算机既可以发送信息又可以接收信息，还可接收再发送信息

4. 关于网络协议，下列说法中正确的是（　　）。

A. 网络协议是为网络中各节点之间保证数据正确交换而建立的规则、标准或约定

B. 网络协议是网络中各节点（各种编解码器）实现的主要功能，即各种编解码器可以被认为是不同协议的执行者

C. 网络协议是分层的，每层都有一些双方必须遵守的规则和规定，各层是独立的相互之间没有任何关系

D. 通常，网络协议由三要素组成：语法、语义、同步

5. 关于网络协议的分层，下列说法中不正确的是（　　）。

A. 两台计算机位于同层协议的两个对象可以直接交互

B. 两台计算机只有位于最低层协议的两个对象才可以直接交互

C. 一台计算机位于某层协议的对象需要转换成低层协议的对象，直到转换成最低层协议的对象才能传输到另一台计算机

D. 在一台计算机上，相邻两层的网络协议对象，上层对象可以调用下层对象的功能

6. 局域网、广域网、互联网和因特网是一种网络分类方法。这种分类存在以下情况，其中说法正确的是（　　）。

A. 各种计算机及外部设备借助公共通信线路（如电信电话设施）连接起来形成的网络称为广域网

B. 通过专用设备将若干网络连接起来形成的网络称为互联网

C. 各种计算机及外部设备通过高速传输媒介直接连接起来的网络称为局域网

D. 由各网络连接形成的国际上最大的网络称为因特网

7. 有人说，Internet 使人的"记忆"模式发生了变化，不再记忆信息本身的内容，而仅需记忆从哪里能够获取这些信息，即网址。如何理解这句话，下列说法中正确的是（　　）。

A. 因为有网络尤其是移动网络，可以随时随地接入网络获取信息；因为有网络搜索引擎服务，可以随时帮助检索到我们所需要的相关信息

B. 因为 Internet 已经成为一个无穷无尽的广义资源网络，在上面可以获取所需的各方面信息

C. 因为很多信息都通过网络进行传播，即建立存放相关信息的网页，而只要知道其网址便可以访问到这些网页

D. 现在的网络搜索引擎，功能越来越强大，可以帮我们检索到所需的所有信息

8. 当希望获取某方面信息，而又不知道其确切的信息来源（网址）时，可以使用"搜索引擎"。关于搜索引擎，下列说法中正确的是（　　）。

A. 正确选择关键词语，关键词的准确程度决定了检索结果的精准程度

B. 搜索引擎的主要任务包括：收集信息、分析信息和查询信息

C. 搜索引擎既是一个用于检索的软件，又是一个提供查询和检索的网站

D. 搜索引擎按其工作方式分为两类：全文搜索引擎和基于关键词的搜索引擎

9. 关于"搜索引擎"，下列说法中正确的是（　　）。

A. 若不准确知道信息来源（网址），可以使用通用的搜索引擎，如 Google 和 Baidu

B. 若准确知道信息来源（网址），可以在浏览器中直接键入该网址，访问该网页

C. 若希望获取某一领域方面的信息，则可以使用专用的搜索引擎或搜索平台，如专门检索文献的平台 Ei Compendex Web（EI）和 Web of Science（SCI）等

D．搜索的关键字越长，搜索的结果越多

10．下列关于大数据的说法中，正确的是（　　　）。

A．大数据技术不是抽样统计，而是面向全体样本

B．数据价值密度高

C．不是因果关系，而是相互关系

D．允许不精确性和混杂性

三、判断题（正确的画✓，错误的画×）

1．www.nuaa.edu.cn 的第一级域名是 WWW。（　　）

2．计算机接入局域网的基本网络设备是网络适配器（网卡）。（　　）

3．使用电子邮件时发件人必须知道收件人的 E-mail 地址和姓名。（　　）

4．实现计算机网络需要硬件和软件，其中负责管理整个网络各种资源、协调各种操作的软件称为网络操作系统。（　　）

5．个人或企业不能直接接入 Internet，只能通过 ICP 来接入 Internet。（　　）

6．IP 协议规定：IP 地址由 32 位十进制数字组成。（　　）

7．HTTP 是一种高级程序设计语言。（　　）

8．双绞线是目前带宽最宽、信号传输衰减最小、抗干扰能力最强的一类传输介质。（　　）

9．计算机网络的目标是实现信息传输。（　　）

10．网络防火墙主要用于防止网络中的计算机病毒。（　　）

11．TCP/IP 是参照 OSI/RM 制定的协议标准。（　　）

12．介质访问控制技术是局域网的最重要的基本技术。（　　）

13．视频点播最好使用无质量保证的 UDP 协议。（　　）

14．半双工通信只有一个传输通道。（　　）

15．资源共享不仅可以共享硬件，还可以共享软件。（　　）

16．191.169.1.10 是一个 C 类 IP 地址。（　　）

17．大数据思维是指一种意识，认为公开的数据一旦处理得当就能为千百万人急需解决的问题提供答案。（　　）

18．数据可视化可以便于人们对数据的理解。（　　）

19．大数据技术和云计算技术是两门完全不相关的技术。（　　）

20．对于大数据而言，最基本、最重要的要求就是减少错误、保证质量。因此，大数据收集的信息量要尽量精确。（　　）

四、填空题

1．在计算机网络的定义中，一个计算机网络包含多台具有_____功能的计算机；把众多

计算机有机连接起来要遵循规定的约定和规则，即_____；计算机网络的基本特征是_____。

2. 常见的计算机网络拓扑结构有：_____、_____、_____、树型结构和混合型结构。

3. 常用的传输介质有两类：有线和无线。有线介质有_____、_____、_____。

4. 网络按覆盖的范围可分为广域网、_____、_____。

5. TCP/IP 模型分为_____层，其中第 3、4 层是_____、_____。

6. 电子邮件系统提供的是一种_____服务，WWW 服务模式为_____。

7. 计算机网络系统由通信子网和_____子网组成。

8. 数据交换的方式；_____、_____、_____。

9. IPv6 将 IP 地址的长度从 32 位增加到了_____。

10. 根据 Internet 的域名代码规定，域名中的.edu 代表_____机构网站。

11. www.hxedu.com.cn 不是 IP 地址，而是_____。

12. 路由选择是 OSI/RM 中_____层的主要功能。

五、简答题

1. 比较单工、半双工和全双工三种通信方式。

2. 比较电路交换、报文交换和分组交换三种交换技术。

3. 网络体系结构为什么要划分层次？

4. 简述 OSI/RM 的每层的简单功能。

5. 试论述 OSI/RM 和 TCP/IP 模型的异同和特点。

6. 请说明互联设备：转发器、网桥、路由器和网关的区别？

7. IP 地址是怎样定义的？一共分为几类？怎样辨别？

8. 简单比较 TCP 和 UDP 的异同。

9. 请简单叙述对称加密与非对称加密的概念和特点

10. 列举身边的大数据实例。